AF532729

Irene Weinberger, Hansjakob Baumgartner

DER FISCHOTTER

Haupt Verlag

Irene Weinberger, Hansjakob Baumgartner

DER FISCHOTTER

Ein heimlicher Jäger kehrt zurück

Irene Weinberger ist Biologin. In ihrer Doktorarbeit an der Universität Zürich untersuchte sie die Lebensraumansprüche von Fischottern im Alpenraum. Seit 2016 leitet sie die Geschäftsstelle der Stiftung Pro Lutra.
Hansjakob Baumgartner studierte Zoologie und arbeitet als Wissenschaftsjournalist mit den Spezialgebieten Biologie einheimischer Arten, Naturschutz, Ökologie und Umweltschutz. Er war Co-Autor des im Haupt Verlag erschienenen Buchs «Der Wolf – ein Raubtier in unserer Nähe».

Der Haupt Verlag wird vom Bundesamt für Kultur mit einem Strukturbeitrag für die Jahre 2016–2020 unterstützt.

1. Auflage 2018

Diese Publikation ist in der Deutschen Nationalbibliografie verzeichnet.
Mehr Informationen dazu finden Sie unter http://dnb.dnb.de

ISBN: 978-3-258-08084-0

Umschlagbild vorne: Alamy (IY00908614); hinten: Cloudtail the Snow Leopard
Gestaltung: pooldesign

Printed in Austria

Inhalt

Vorwort

Jetzt kehrt er selbstständig zurück, der in Mitteleuropa lange Zeit Abwesende. Die Schweizer Stiftung Pro Lutra erkannte um die Jahrtausendwende, dass sich die Fischotter in der Steiermark (A) und in Savoyen (F) sprunghaft ausbreiteten. Damit durfte die Wiederbesiedlung Mitteleuropas und somit eine natürliche Einwanderung auch in die Schweiz erwartet werden. Unbekannt war lediglich die Geschwindigkeit, mit welcher die Ausbreitung erfolgen wird. Erste Hinweise über eine Annäherung an die Schweiz waren ab dem Jahr 2000 mehrere verlässliche Nachweise südlich des Genfersees auf der französischen Seite sowie im Jahr 2008 der erste Nachweis eines Fischotters bei Innsbruck (A).

Am 7. Dezember 2009 um 02.15 Uhr passierte es. In der Fischtreppe des Kraftwerkes Reichenau (CH), in welcher das Amt für Jagd und Fischerei des Kantons Graubünden den Zug der Forellen mittels Videokamera überwachte, schwamm ein jagender Fischotter ins Bild. Die Herkunft dieses Tieres konnte allerdings nie geklärt werden. Bei zwei Fischottern hingegen, welche 2012 im Veltlin (I) und 2013 in der Leventina (CH) dem Autoverkehr zum Opfer fielen, wiesen genetische Analysen eine Verwandtschaft zu den Fischottern in der Steiermark (A) nach. Weitere neue Fischotternachweise in der Schweiz folgten jährlich. Die Erwartungen von Pro Lutra traten somit innerhalb von zehn Jahren ein. Heute besteht kein Zweifel mehr, dass Fischotter in die Schweiz eingewandert sind und die Wiederbesiedlung Mitteleuropas im Gange ist.

Diese Erfolgsgeschichte einer natürlichen Rückkehr war der Anlass für dieses Buch. Mit der international ausgewiesenen Fischotterexpertin Irene Weinberger und dem bekannten Wissenschaftsjournalisten Hansjakob Baumgartner konnte ein sehr kompetentes Autorenteam zusammengestellt werden. Es berichtet über die Biologie und Ökologie des Eurasischen Fischotters sowie über dessen Ausrottung und erfreuliche Rückkehr insbesondere in Deutschland, Österreich und der Schweiz. Spannend zu lesende Texte, faszinierende Bilder und erklärende Grafiken fördern die Freude, sich intensiver und neugierig mit dem Fischotter auseinanderzusetzen.

Ziel des Buches ist es, das aktuellste Wissen über den Fischotter zusammenzutragen und uns die neuesten internationalen Forschungsergebnisse über die sympathischen Einwanderer zugänglich zu machen. Wissen Sie beispielsweise, dass dieser kurzbeinige Wassermarder entlang von Gewässersystemen ein eigenes Territorium von bis zu 40 km Länge haben kann und dass eine Überpopulation von Eurasischen Fischottern ausgeschlossen ist?

Der Fischotter kehrt zurück. Wir heißen ihn willkommen.

Bekannt ist, dass der Fischotter vorwiegend Fische frisst und am bevorzugtesten diejenigen, die er möglichst einfach erwischt. Das kann zu Konflikten führen, etwa an kommerziell betriebenen Fischteichen. Für eine erfolgreiche Begleitung der Einwanderung müssen Lösungen für diesen Konflikt gefunden werden. Im Buch werden Lösungsvarianten für ein vertretbares Nebeneinander zwischen Teichwirt und Fischotter aufgezeigt.

Im Ökosystem Zentraleuropas hat sich etwas zum Positiven verändert. Es sind Voraussetzungen entstanden, damit der Fischotter selbstständig zurückkehren kann. Das vorliegende Buch wurde geschrieben, um die Angekommenen zu begrüßen und uns allen zu ermöglichen, die Fischotter besser kennenzulernen.

Zürich, im Juli 2018
Hans Schmid
Präsident Stiftung Pro Lutra

Die Stiftung Pro Lutra wurde 1997 gegründet, um die zu erwartende Einwanderung des Fischotters in die Schweiz wissenschaftlich und öffentlichkeitswirksam zu unterstützen. Nachdem die Einwanderung Tatsache wurde, ergriff die Stiftung Pro Lutra die Initiative zum vorliegenden Buch.

Die Entstehung der Otter

Das goldene Zeitalter der Otter liegt weit zurück in der Vergangenheit. Die Gruppe umfasst eine Vielzahl unterschiedlichster Arten. Doch weitaus die meisten sind längst ausgestorben.

Man nennt den Fischotter auch «Wassermarder». Zu Recht: Die Otter (Lutrinae) bilden eine Unterfamilie der Marder (Mustelidae), der größten Familie innerhalb der Raubtiere (Carnivora). Weltweit existieren mindestens 58 Mustelidenarten. In Europa zuhause sind Stein- und Baummarder, das Mauswiesel, das Hermelin, der Iltis, der Dachs, der Vielfraß – sowie der Eurasische Fischotter.

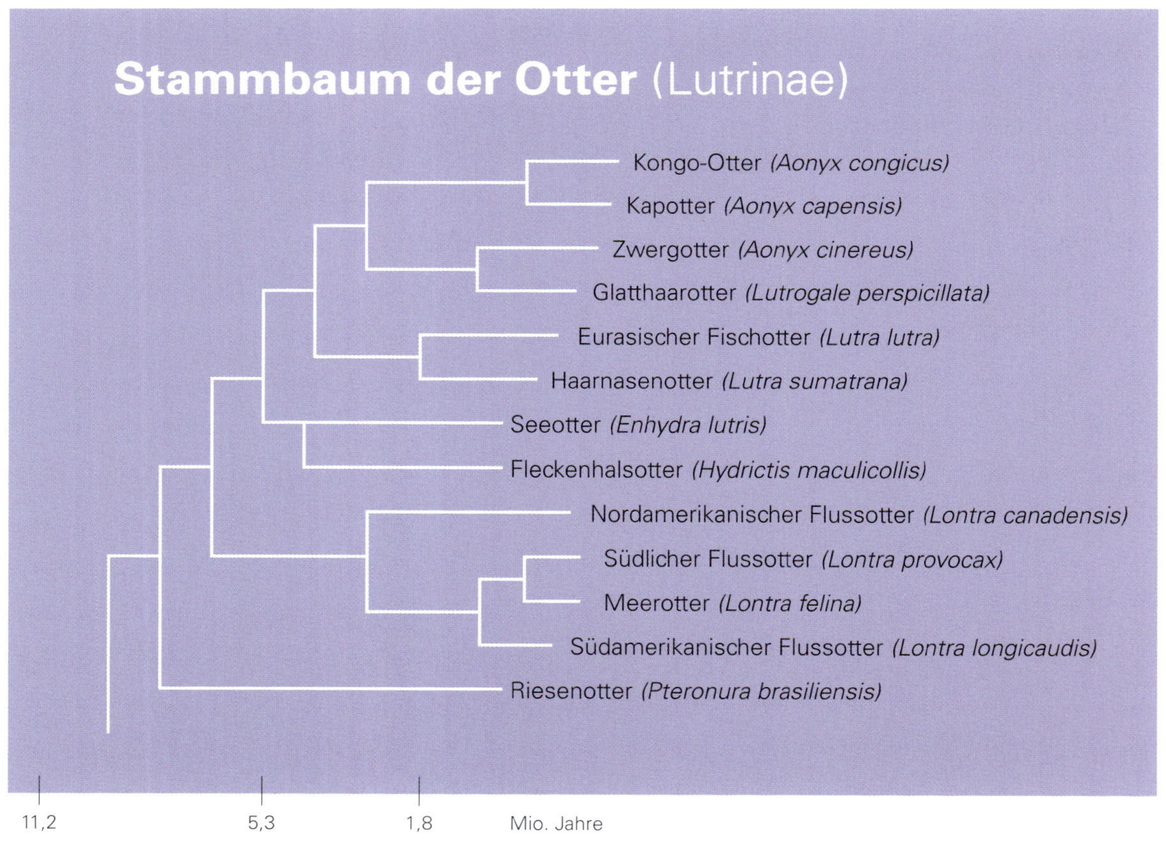

Die nächsten Verwandten der Otter sind gemäß neuesten genetischen Analysen die Arten der Unterfamilie Mustelinae, der alle Wiesel und Iltisse sowie der Europäische Nerz angehören (Wilson & Mittermeier 2009).

Vorhergehende Doppelseite:
Der Eurasische Fischotter ist ein Raubtier und gehört zur großen Familie der Marder.

Der Ursprung

Die Marder entstanden vor etwa 30 Millionen Jahren. Die älteste bekannte Art ist *Plesictis plesictis,* ein etwa 75 Zentimeter langes, wieselähnliches Tier mit großen Augen, von dem man Fossilien in Frankreich entdeckte. Man vermutet, dass es nachtaktiv war und auf Bäumen lebte (Sato et al. 2003).

Die Familie der Marder entwickelte sich von Beginn an stürmisch. Von Eurasien aus eroberten sie wiederholt Nordamerika. Hier wie dort entstanden in der Folge neue Arten (Koepfli et al. 2008). Dies führte zu einer unglaublichen Vielfalt an wiesel-, dachs- und otterähnlichen Kreaturen. Längst ausgestorbene Verwandte des Fischotters sind beispielsweise der amerikanische *Megalictis,* ein Tier, das wie eine Mischung aus Bär und Vielfraß aussah. Oder der wolfsähnliche *Ekorus,* der durch Afrika streifte.

Bis zur Geburt der Otter dauerte es allerdings noch eine Weile. Erst vor etwa 13 Millionen Jahren war es soweit. Es scheint, als liege die Wiege aller Otterarten in Europa: Der hier gefundene *Paralutra* gilt als erster echter Otter (Sato et al. 2003). Doch die Lutrinae machen es den Paläontologen schwer: Nur wenige Fossilien – und oftmals bloß Fragmente – sind von dieser Unterfamilie erhalten (Cherin & Rook 2014).

Die Blütezeit

Sicher ist: Die damalige Otterwelt war wunderbar und vielfältig. Viele Arten ernährten sich schon dazumal von Wassertieren, doch verfügten manche über ein Gebiss, das auf ein Leben als Allesfresser hindeutet. Eurasien, Nordamerika und Afrika waren von Ottern besiedelt. So wanderte beispielsweise vor 10–7 Millionen Jahren die Gattung *Sivaonyx* von Indien aus nach Afrika

1 Die Marder entstanden vor rund 30 Millionen Jahren. Zu den längst ausgestorbenen Vertretern dieser Raubtierfamilie gehört *Megalictis ferox*. Die Bilder zeigen einen gefundenen Schädel (C), dessen Nachbau (B) sowie die rekonstruierte Kopfform (A).

(Grohé et al. 2013). Kaum dort angekommen, blühte sie förmlich auf und verzweigte sich in zahlreiche Arten (Morales & Pickford 2005). Allein in Uganda und Kenia kennt man heute 11 prähistorische *Sivaonyx*-Arten. Paläontologen vermuten, dass sie semi-aquatisch bis gänzlich im Wasser lebten. Es gab aber auch Otter wie *Sivaonyx beyi,* der wohl mehr schlecht als recht schwamm. Vermutlich war er aber ein ausgezeichneter Jäger an Land.

Etwas später kamen, ebenfalls aus Asien, die Gattungen *Vishnuonyx* und wahrscheinlich auch *Enhydriodon* nach Afrika (Grohé et al. 2013). Einer ihrer eindrücklichsten Vertreter war der gigantische Bärenotter *Enhydris dikikae,* der vor etwa 5 Millionen Jahren im Hochland von Äthiopien zu Hause war. Das 2 Meter lange und bis zu 180 Kilogramm schwere Tier dürfte manch einem unserer frühesten Vorfahren, die damals in Äthiopien lebten, hin und wieder einen gehörigen Schrecken eingejagt haben (Prothero 2017).

Doch auch in Europa gefiel es den Ottern. Nur schon in Italien lebten vor etwa 7 bis 4 Millionen Jahren mindestens drei Arten einträchtig neben Antilopen, Affen, Nashörnern und Nilpferden (Sardella 2008).

Zu dieser Zeit hatten sich die Vorfahren des Riesenotters *(Pteronura brasiliensis)* schon längst von den Ahnen aller anderen, heute noch lebenden Otterarten abgespalten. Es waren Tiere der mittlerweile ausgestorbenen Gattung *Satherium*. Von Asien aus besiedelten sie Amerika (Koepfli et al. 2008). Zwar sind die ältesten Fossilien seiner Art bloß 120 000–130 000 Jahre alt (Pickles et al. 2011), doch geht man davon aus, dass der Riesenotter die ursprünglichste aller gegenwärtigen Otterarten ist (Koepfli & Wayne 1998).

Der Vorfahre unseres Fischotters

Vor etwa 5 Millionen Jahren erschien mit *Lutra affinis* die Gattung *Lutra,* zu der der Eurasische Fischotter *(Lutra lutra)* gehört. Auch hier liegen die ältesten Fundorte in Europa, nämlich in Frankreich, Spanien und auf dem Balkan (Cherin et al. 2016). Im frühen Pleistozän – der Ära, die vor 2,6 Millionen Jahren begann und vor 11 700 Jahren endete – bevölkerte *Lutra simplicidens* ganz Europa bis zum Asowschen Meer östlich der Krim (Willemsen 2006). Aus dieser Art entstanden viele endemische Otter, die längst wieder ausgestorben sind: *Lutra euxena* (Malta), *Lutraeximia trinacriae* (Sizilien), *Lutraeximia umbra* (Umbrien), *Sardolutra ichnusae, Lutra castiglionis, Algarolutra majori* sowie *Megalenhydris barbaricina* (Sardinien und Korsika) (Cherin et al. 2016), der aquatisch lebte und an Größe alle heute existierenden Otterarten übertraf (Carter & Rosas 1997).

Der Eurasische Fischotter *(Lutra lutra)*, derzeit die einzige in Europa einheimische Art, scheint allerdings nicht von *Lutra simplicidens* abzustammen (Koepfli & Wayne 1998). Vielmehr geht man derzeit davon aus, dass er vor rund 1,8 Millionen Jahren in Asien entstand. Sein direkter Vorfahre, so nimmt man an, ist der aus Pakistan stammende *Lutra palaeindica*. Der nächste Verwandte des Eurasischen Fischotters ist der Haarnasenotter *(Lutra sumatrana)* (Willemsen 2006), von dem man vermutet, dass er ebenfalls von *Lutra palaeindica* abstammt. Weitere nahe Verwandte sind der Zwergotter *(Aonyx cinereus)*, der Kapotter *(Aonyx capensis)*, der Kongo-Fingerotter *(Aonyx congicus)* und der Glatthaarotter *(Lutrogale perspicillata)*. Etwas weiter weg im Stammbaum stehen der Seeotter *(Enhydra lutris)* und der Fleckenhalsotter *(Hydrictis maculicollis)* (vgl. zu den einzelnen Otterarten die Kurzporträts im Kapitel «Die Verwandten»).

Noch entfernter verwandt mit unserem Fischotter ist der Nordamerikanische Flussotter *(Lontra canadensis)*, obwohl sich die beiden Arten in mancher Hinsicht sehr ähnlich sind. Deren Vorfahren gingen aber schon lange ihre eigenen Wege: Wohl vor über 9 Millionen Jahren spaltete sich die spätere Gattung *Lontra* von einer frühen Art der Gattung *Lutra* ab (Yonezawa et al. 2007). Im mittleren Pliozän wanderten die Ahnen des Nordamerikanischen Flussotters von Asien über die Bering-Landbrücke nach Nordamerika (Koepfli & Wayne 1998).

Bis zur Bildung des Isthmus von Panama vor 3,4–2,8 Millionen Jahren waren die Kontinente Nord- und Südamerika durch ein Meer voneinander getrennt; entsprechend entwickelten sich die Tierwelten im Norden und Süden unabhängig voneinander. Das änderte sich schlagartig mit der neu entstandenen Landbrücke; es kam zum sogenannten «Großen Amerikanischen Faunenaustausch», wobei südamerikanische Arten nach Nordamerika auswanderten und umgekehrt. Offenbar nutzte auch der Nordamerikanische Flussotter diese Chance: Aus

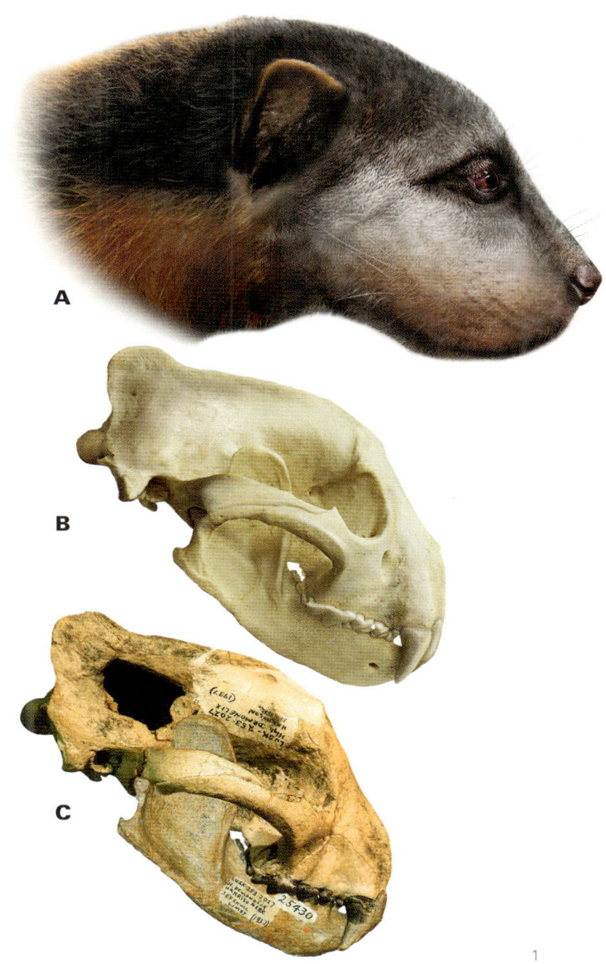

1

Tieren dieser Art, die sich nun in Südamerika niederließen, entstand der Südamerikanische Flussotter *(Lontra longicaudis)* (Koepfli et al. 2008). Von ihm spaltete sich vor etwa 1,75 Millionen Jahren dann der Südliche Flussotter *(Lontra provocax)* ab, aus dem wiederum vor 883 000 Jahren der Meerotter *(Lontra felina)* hervorging (Vianna et al. 2010). Letzterer ist – evolutionsmäßig gesehen – die jüngste aller Otterarten.

2 Der Eurasische Fischotter tauchte erst nach der letzten Eiszeit in Europa auf.

Ankunft in Europa

Lange blieb der Eurasische Fischotter ein Asiate. Erst vor verhältnismäßig kurzer Zeit ließ er sich auch in Europa nieder. Aus der Würm-Kaltzeit, die 115 000 v. Chr. begann und vor 10 000 Jahren endete, gibt es einen einzigen Nachweis. Er erfolgte im französischen Alpenraum. In der anschließenden Wärmephase breitete sich die Art auf dem europäischen Kontinent aus. Fossilien aus der Zeit zwischen 9000 und 7000 Jahren v. Chr. finden sich in Deutschland und den baltischen Staaten. Um 5000 bis 3000 v. Chr. hatte der Fischotter den Großteil Mitteleuropas erobert, zwischen 3000 und 1000 v. Chr. tauchte er erstmals in Großbritannien auf. In dieser Zeit erreichte die Art die Verbreitung in Europa, die sie heute noch hätte, wäre sie nicht mancherorts ausgerottet worden (Sommer & Benecke 2004).

Epochen der Erdgeschichte

Epoche	**Zeitraum** (Jahre vor der Gegenwart)	
Oberkreide	100,5 bis 66 Millionen	In Australien und Südamerika entwickeln sich räuberische Beuteltierarten. Auf der nördlichen Hemisphäre erscheinen die Ur- oder Scheinraubtiere (*Creodonta* sp.).
Paläozän	66 bis 56 Millionen	Zögerlich erscheinen die ersten Echten Raubtiere (Carnivora), aber noch besetzen riesige Vögel und fleischfressende Huftiere (Mesonychia) in Nordamerika und Eurasien die ökologische Nische der Beutegreifer.
Eozän	56 bis 33,9 Millionen	
Oligozän	33,9 bis 23,0 Millionen	Die Echten Raubtiere (Carnivora) werden häufiger und verdrängen die Mesonychia. *Plesictis plesictis,* der erste Marder, tritt auf.
Miozän	23,0 bis 5,3 Millionen	*Paralutra,* der erste echte Otter, erscheint. In der Folge erleben die Otter (Lutrinae) eine Blütezeit. Der Riesenotter *(Pteronura brasiliensis),* die älteste heute noch lebende Otterart, entsteht.
Pliozän	5,3 bis 2,6 Millionen	Mit *Lutra affinis* erscheint der erste Vertreter der Gattung *Lutra,* zu der auch der Eurasische Fischotter *(Lutra lutra)* gehört. Auch die meisten anderen, heute lebenden Gattungen *(Lontra, Enhydra, Aonyx, Hydrictis)* treten erstmals auf.
Pleistozän	2,6 Millionen bis 11 700	Vor 1,8 Millionen Jahren entsteht in Asien der Eurasische Fischotter. Rund eine Million Jahre später erscheint in Südamerika die jüngste Otterart: der Meerotter *(Lontra felina).*
Holozän	11 700 bis 0	Der Eurasische Fischotter erobert Europa.

Die Verwandten

Unser Fischotter hat Verwandte in aller Welt. Außer den Polen sowie Neuseeland und Australien ist der ganze Globus von Ottern besiedelt.

Gemäß der Weltnaturschutzunion IUCN zählt die nähere Verwandtschaft des Eurasischen Fischotters *(Lutra lutra)* derzeit 12 Arten. Alle sind mehr oder weniger stark ans Wasser gebunden. Bezüglich Größe, Ernährung, Sozialleben, Raumverhalten und Biotopansprüchen unterscheiden sich die Arten der Unterfamilie Lutrinae (siehe Seite 12) teils stark voneinander, äußerlich sind sie sich hingegen sehr ähnlich: Ein Otter ist für alle auf den ersten Blick als Otter zu erkennen. Doch das birgt auch die Gefahr der Verwechslung, vor allem auf Bildern. Der einfache Otter-Bestimmungsschlüssel am Ende des Buches (Seite 238) hilft bei der groben Artidentifizierung.

1

Fast sämtliche Otterarten leiden heute unter der Zerstörung von Gewässerökosystemen, der Wasserverschmutzung, der Plünderung ihrer Nahrungsgrundlage durch den Menschen und der direkten Verfolgung – weil Otter gebietsweise Beutekonkurrenten der Fischer und Krabbenfänger sind, aber auch wegen ihres Fleisches und ihres Pelzes. Zwar verbietet das Washingtoner Artenschutzabkommen den Handel mit Otterpelzen, doch der Schwarzmarkt blüht. Man geht davon aus, dass für jedes Tigerfell 10 Otterfelle gehandelt werden (ISOF 2014). In China wurden unlängst innerhalb von 2 Jahren auf einem einzigen lokalen Markt über 1800 Stück abgesetzt (Gomez et al. 2016). Seit ein paar Jahren ist das Angebot auf den asiatischen Märkten rückläufig, was darauf hindeutet, dass viele Otterpopulationen überbejagt sind.

Seit dem Jahr 2000 wächst vor allem in Asien der illegale Handel mit Ottern als Heimtiere. Die Sterblichkeit dieser nicht artgerecht gehaltenen Tiere ist hoch. Verenden sie, landen sie im Kochtopf, und das Fell wird verkauft (Gomez et al. 2016). Von den 13 Otterarten sind derzeit 5 auf der Roten Liste der bedrohten Arten als «stark gefährdet» verzeichnet. Außer beim Nordamerikanischen Flussotter *(Lontra canadensis)* ist der weltweite Bestand bei allen Arten rückläufig (IUCN Red List 2017).

Vorhergehende Doppelseite:
Wie der Eurasische Fischotter (Bild) sind sämtliche Otterarten ans Wasser gebunden.

1 Otter trifft Elch. Anderswo ist es die Hyäne oder der Jaguar – jedoch nie das Känguruh: In Australien leben keine Otter.

2 In Asien werden Otter verbotenerweise als Heimtiere gehalten. Die Haltung ist oft nicht artgerecht, entsprechend hoch ist die Sterblichkeit.

3 Mancherorts werden Otter auch ihres Fleisches wegen gejagt.

2

3

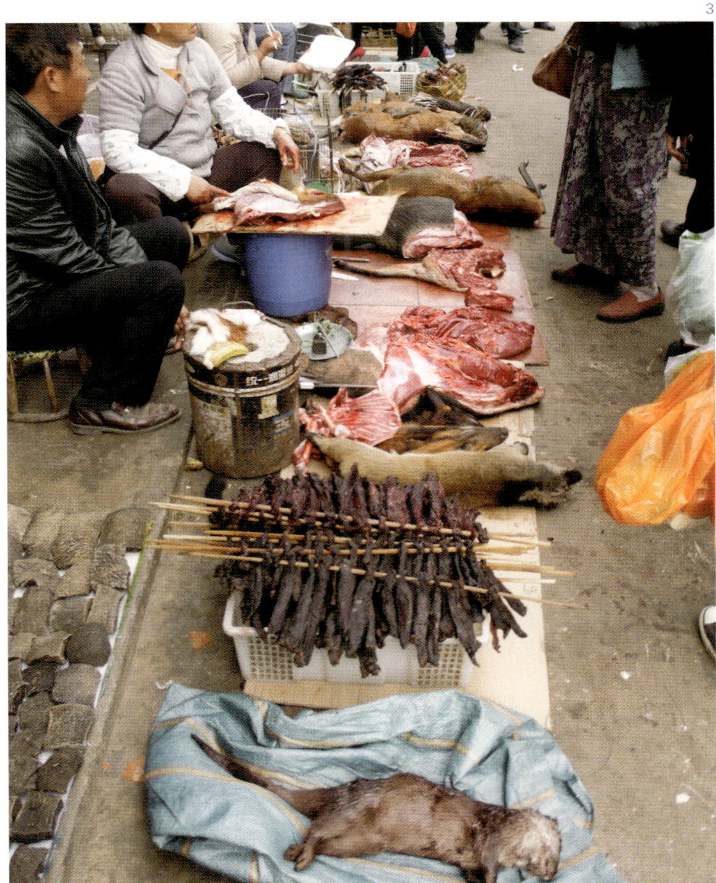

Riesenotter *(Pteronura brasiliensis)*

Mit einer Körperlänge bis zu 1,8 Metern und einem Gewicht von maximal 34 Kilogramm ist der Riesenotter die größte Otterart. Zu Hause ist der Gigant vor allem in den Wäldern des Amazonasbeckens. Hier lebt er in den langsam fließenden Flüssen und deren Altarmen sowie im Wald selbst, wenn dieser zur Regenzeit überflutet ist.

Riesenotter sind nicht sehr wendige, dafür aber überaus schnelle Schwimmer. Sie müssen das sein, denn auch die Piranhas, denen sie nachstellen, sind flink. Nebst Piranhas fressen Riesenotter die ganze Palette der in ihren Gewässern lebenden Fischarten sowie Krebse, Vögel, Schlangen und Schildkröten.

«Lobo del Rio» – Flusswolf – wird die Art in Brasilien auch genannt. Tatsächlich gleicht das Sozialleben des Riesenotters demjenigen des Wolfs. Die Tiere leben in Gruppe bestehend aus einem Paar und dem Nachwuchs aus mehreren Würfen. Gemeinsam geht man auf die Jagd und gemeinsam verteidigt man das Gruppenterritorium. Wie manche sozial lebende Tierarten haben auch Riesenotter ein überaus differenziertes Kommunikationssystem mit verschiedenen auch unter Wasser geäußerten Lauten und augenfälligen Gesten (Leuchtenberger et al. 2014).

Die Gruppe wird vom dominanten Weibchen angeführt. Die Chefin ist das einzige Weibchen, das sich fortpflanzt. Die anderen Mitglieder des Clans helfen ihr bei der Betreuung und Verteidigung der Jungen – gegen Kaimane und Anakondas, aber auch gegen gruppenfremde Männchen der eigenen Art.

Der Bestand des Riesenotters ist stark rückläufig. Namentlich der Raubbau an den Amazonaswäldern und die Vergiftung der Gewässer durch Quecksilber, das in Goldminen freigesetzt wird, machen dem Riesenotter zu schaffen. Der Bau von Staudämmen, die Überfischung sowie eine bereits spürbare Reduktion der Niederschläge aufgrund der Klimaerwärmung gefährden die Art zusätzlich.

Nordamerikanischer Flussotter

(Lontra canadensis)

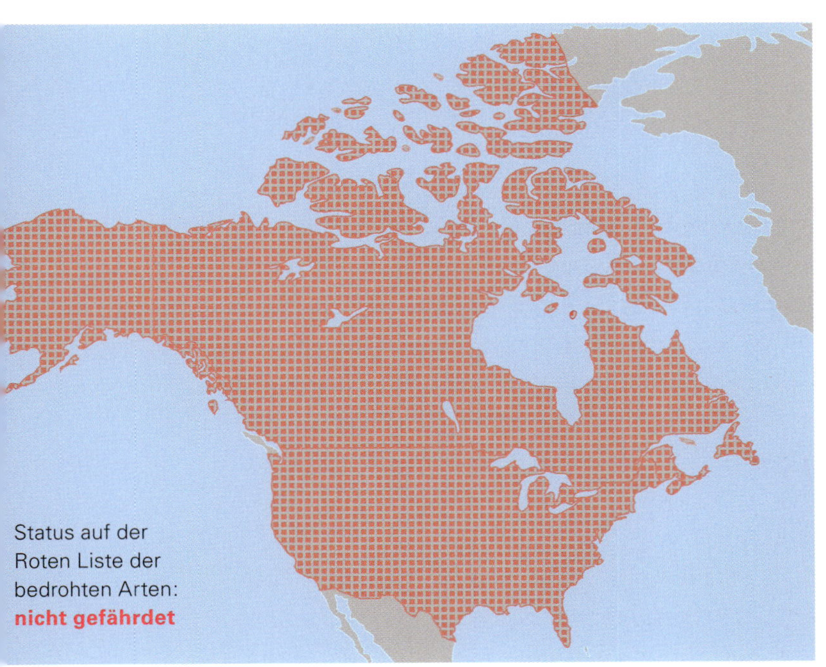

Der Nordamerikanische oder Kanadische Flussotter ist in unterschiedlichsten Gewässern heimisch – Meeresküsten, Seen, Moore sowie Fließgewässer aller Größen. Er ist mit einer Länge von 1,5 Metern und einem Gewicht von 8 bis 11 Kilogramm etwas größer als der Eurasische Fischotter. Charakteristisch für diese Art ist die große, schwarze Nase.

Der Nordamerikanische Flussotter ist sehr flexibel in seinem Sozialverhalten. Während er in einigen Regionen ein ausgeprägter Einzelgänger ist, leben die Tiere anderswo in Familienverbänden. Auch unverpaarte Männchen schließen sich manchmal zu Gruppen zusammen. Zuweilen gehen mehrere Tiere gemeinsam auf die Jagd, allerdings ohne dabei zu kooperieren und die Beute zu teilen. Nebst Fischen stehen Krebse, Frösche, Reptilien, kleine Säugetiere und Vögel auf dem Speisezettel.

Ein Besonderheit der Art betrifft die Fortpflanzung: Die Ranz findet im späten Winter oder zeitigen Frühling statt. Nach der Befruchtung stellen die Embryos die Entwicklung ein. Erst rund 8 Monate später werden sie sich in die Gebärmutter einnisten und bis zur Geburtsreife weiterwachsen. Eine derart verlängerte Tragzeit kommt auch bei über 130 anderen Säugetierarten vor, etwa beim Reh, beim Seehund sowie auffällig häufig bei den Mardern (Mustelidae). Rund jede dritte Art dieser Familie kennt die Keimruhe (Sandell 1990). Zu ihnen zählen fast alle europäischen Musteliden: Hermelin, Baummarder, Steinmarder, Vielfraß und Dachs – nicht jedoch der Eurasische Fischotter (Fenelon et al. 2014).

Intensive Fallenjagd – vor allem wegen seines Fells – und Giftstoffe in den Gewässern brachten den Nordamerikanischen Flussotter bis Mitte des 20. Jahrhunderts in weiten Teilen seines ursprünglichen Verbreitungsgebiets zum Verschwinden. Um 1980 war er in 11 Bundesstaaten der USA ausgestorben, in weiteren 9 waren die Populationen extrem geschrumpft. Dank Wiederansiedlungsprojekten mit insgesamt über 4000 Tieren sowie der Regulierung der Jagd in Teilen der USA und in Kanada scheint es ihm heute wieder besser zu gehen (Raesly 2001). 2012 wurde in der San Francisco Bay erstmals seit 50 Jahren wieder ein Nordamerikanischer Flussotter beobachtet. Die Bestände gelten derzeit als einigermaßen stabil, in einigen US-Bundesstaaten wird die Art wieder bejagt.

Südamerikanischer Flussotter
(Lontra longicaudis)

Der Südamerikanische Flussotter – auch Neotropischer Flussotter genannt – ist ein mittelgroßer Otter mit einem sehr langen, zylindrischen Schwanz, dem er seinen lateinischen Namen verdankt. Über seine Lebensweise weiß man eher wenig. Die einzigen bis anhin durchgeführten Forschungsarbeiten betreffen den Speisezettel, der anhand seines Kots analysiert wurde. Die Befunde zeigten starke regionale Anpassungen: In Costa Rica futterten die untersuchten Tiere hauptsächlich Shrimps, in Mexiko jagten sie mit großer Begeisterung Kormorane, Enten, Reiher und Pelikane. In Brasilien ernährt sich die Art hingegen von Fischen und Krebsen.

4 Bisswunden am Schwanz dieser Südamerikanischen Flussotter zeugen von unliebsamen Begegnungen mit Piranhas.

Südamerikanische Flussotter gehen hauptsächlich nahe dem Ufer zwischen Ästen und Wasserpflanzen auf Beutesuche. Die Fischjagd ist für sie nicht ohne Risiken. Davon zeugen bei manchen Tieren Narben von Bissen, die ihnen Piranhas zugefügt haben. Dass sie sich im Wasser nicht ganz sicher fühlen, zeigen auch Beobachtungen, wonach sich die Tiere bei Störungen an Land in Sicherheit bringen, was für Otter eher unüblich ist.

Die Art gilt als einzelgängerisch, doch werden in Uruguay oft Gruppen gesichtet. Möglicherweise ist der Südamerikanische Flussotter sozialer als angenommen. Bezüglich seines Lebensraumanspruchs ist er flexibel. Er kommt in rasch wie träge fließenden Flüssen, in Seen, an felsigen Meeresküsten sowie in Mangroven, Mooren und anderen Feuchtgebieten vor.

Zwischen 1950 und 1970 wurde die Art wegen ihres Fells fast ausgerottet. Jährlich wurden bis zu 30 000 Tiere zur Strecke gebracht. Heute ist der Südamerikanische Flussotter in seinem gesamten Verbreitungsgebiet geschützt. Seit einiger Zeit finden viele Tiere den Tod auf Straßen, was möglicherweise ein Anzeichen für eine Fragmentierung ihres Lebensraums ist. Zusätzlich macht ihnen die zunehmende Belastung der Gewässer durch Schwermetalle zu schaffen.

4

Südlicher Flussotter *(Lontra provocax)*

Der Südliche Flussotter ist die Otterart mit dem kleinsten Verbreitungsgebiet. Es beschränkt sich auf einen schmalen Küstenstreifen entlang von Chile und Argentinien. Sein Lebensraum sind von Wäldern gesäumte Flüsse und Seen sowie Sumpf- und Feuchtgebiete. Man findet ihn zuweilen aber auch in Meeresbuchten, die vor hohem Wellengang geschützt sind. Die nachtaktiven Tiere leben einzeln. Nur zur Ranzzeit zwischen Juli und August treffen sich Männchen und Weibchen. Der Südliche Flussotter ernährt sich hauptsächlich von Krebsen. Zwar haben Fische und Amphibien gebietsweise und je nach Saison einen bedeutenden Anteil an seiner Nahrung, doch nimmt man an, dass das Vorkommen von Krebsen ein entscheidender Faktor für seine Verbreitung ist (Medina-Vogel & Gonzalez-Lagos 2008).

Aufgrund von Gewässerkanalisierungen, der Zerstörung der natürlichen Ufervegetation, der Trockenlegungen von Feuchtgebieten sowie einer zunehmenden Gewässerverschmutzung besteht die Gefahr, dass die Art in vielen Regionen aus Süßgewässern verschwinden wird. Bereits heute sind die Populationen stark isoliert, was zu einem Verlust von genetischer Diversität führen kann.

Obschon gesetzlich geschützt, wird der Südliche Flussotter immer noch wegen seines Pelzes bejagt. Dazu werden zuweilen mit Krabben beköderte Angelhaken verwendet.

Meerotter *(Lontra felina)*

Der Meerotter – auch Seekatze oder Chungungo genannt – lebt an der südamerikanischen Pazifikküste. Wie der Seeotter ist er ein Meerbewohner, der ganz ohne Süßwasser auskommen kann. Dabei nutzt er bloß einen kleinen Streifen entlang der Küste; nie entfernt er sich mehr als 150 Meter vom Ufer. Seine Nahrung besteht aus Krabben, Garnelen, Krebsen, Muscheln und Schnecken, aber auch Fischen und kleinen Säugetieren. Möglicherweise frisst er ab und zu gar eine Frucht. An der Küste der chilenischen Insel Chiloé jagen Meerotter hauptsächlich Krabbenarten, die in Tangwäldern leben. Dabei tasten sie mit ihren Vorderpfoten im trüben Wasser den Boden nach Beute ab.

Mit einer Körperlänge von bloß 90 Zentimetern gehört der Meerotter zu den kleineren Vertretern der Lutrinae. Je kleiner ein Körper ist, desto größer ist die Oberfläche im Verhältnis zum Volumen – und damit auch der Wärmeverlust. Der Meerotter braucht daher ein wärmendes Fell. Besonders lange und dicke Deckhaare sorgen für gute Isolation. Auch minimiert er seine Zeit im Wasser, wenn dieses besonders kalt ist: Im eisigen Meer von Feuerland sind die Tauchgänge kürzer als weiter nördlich.

Rund 80 Prozent des Tages verbringt der Meerotter in einem seiner Verstecke, die in Höhlen oder Spalten entlang der felsigen Küste liegen. Geschützt vor Wind, Niederschlag und Kälte pflegt er da sein Fell oder ruht sich aus. In einer solchen Höhle kommen auch die Jungen zur Welt.

In manchen Teilen ihres Verbreitungsgebiets leidet die Art stark unter der Übernutzung der Krabbenbestände durch den Menschen. Intensive Bejagung im letzten Jahrhundert haben die Populationen schrumpfen lassen, und noch immer wird der Meerotter als Beutekonkurrent der Krabbenfischer illegal gejagt. Manche Tiere werden auch bei der (verbotenen) Fischerei mit Dynamit getötet oder ertrinken in Fischernetzen. Eine wachsende Bedrohung ist zudem der Siedlungsdruck entlang der Küste.

Seeotter *(Enhydra lutris)*

Der Seeotter hat sich von allen Otterarten am stärksten an das Leben im Wasser angepasst. Er geht kaum je an Land, auch zum Schlafen und Trinken nicht; sogar geboren wird im Wasser. Die Mutter trägt das Junge, das bei der Geburt bereits 2 Kilogramm wiegt, im Rückenschwumm auf ihrem Bauch. Ausgewachsene Seeotter werden über 1,6 Meter lang und bis zu 45 Kilogramm schwer.

Dank speziell ausgebildeter Nieren können die Tiere ihren Flüssigkeitsbedarf mit Salzwasser decken. Eine Besonderheit der Art ist auch die

Fähigkeit, Werkzeuge zu gebrauchen: Die Nahrung des Seeotters besteht hauptsächlich aus Seeigeln, Muscheln und Schnecken, deren Schalen er mithilfe von Steinen aufbricht. Dabei schwimmt er auf dem Rücken, legt sich einen Stein als Amboss auf die Brust und schlägt die Beute darauf. Oder er legt die Beute auf die Brust und zerschlägt sie mit dem Stein. Das locker am Körper liegende, dicke Fell sorgt dafür, dass sich die Tiere dabei nicht verletzen. Steine werden auch dazu benutzt, Muscheln am Meeresgrund loszubrechen. Oft trägt ein Seeotter einen Stein in einem Hautlappen unter der Achsel mit sich herum. So hat er stets ein Werkzeug dabei.

Seeotter sind unglaublich gute Taucher. Sie suchen ihre Nahrung zwischen Steinen und Sedimenten in bis zu 60 Metern Tiefe. In sehr seltenen Fällen wurden auch schon mehr als 90 Meter tiefe Tauchgänge beobachtet. Weibchen tauchen im Durchschnitt nur halb so tief wie Männchen (Bodkin et al. 2004). Um ihm den dauernden Aufenthalt im kalten Meerwasser zu ermöglichen, hat die Natur das ohnehin schon hochentwickelte Otterfell (siehe auch Seite 55 f) für den Seeotter perfektioniert. Die Art besitzt vermutlich eines der bestisolierenden aller Haarkleider. Dies wurde ihr beinahe zum Verhängnis, denn auch dem Menschen sind dessen einzigartige Qualitäten nicht entgangen. Der Pelz ist überaus dicht, zugleich fein und dauerhaft.

Um das Jahr 1700 lebten über 300 000 Seeotter im nördlichen Pazifik von Japan über Russland, den Aleuten bis nach Mexiko. Mitte des 18. Jahrhunderts begann eine intensive Felljagd. Um 1900 war die Art nahezu ausgerottet. Einzig in Russland und Kanada gab es noch vitale Populationen, während zwischen Oregon und Mexiko bloß noch 50 Tiere übrig waren. 1911 kam der Seeotter unter Schutz. In der Folge erhöhte sich der Bestand zügig, gebietsweise um 20 Prozent pro Jahr. Ab 1951 wurde die Entwicklung mit Wiederansiedlungen gefördert. Heute geht man von über 108 000 Tieren entlang der nordamerikanischen Pazifikküste aus. Doch seit einigen Jahren drohen in Alaska neue Gefahren: Schwertwale und Haie machen hier vermehrt Jagd auf Seeotter. Sie dezimierten den Bestand gebietsweise bis zu 90 Prozent. Der Nahrungswechsel wurde ihnen aufgezwungen: Die Schwertwale ernährten sich bisher fast ausschließlich von Fischen und Robben. Nahrungsknappheit als Folge der Überfischung ihrer Gewässer durch den Menschen nötigte sie dazu, auf andere Beute auszuweichen.

Seeotter leiden stark unter der Ölverschmutzung der Meere. Das Öl verklebt den Pelz, der damit seine isolierende Wirkung verliert. Auch wird es bei der Fellpflege von den Tieren aufgenommen, was zu tödlichen Vergiftungen führen kann.

Ein starker Rückgang der Seeotterpopulation hat weitreichende Folgen für das betroffene marine Ökosystem. Denn die Art spielt die Hauptrolle in einem der bestuntersuchten ökologischen Wechselwirkungs-Systemen. Seeotter vertilgen Seeigel, die ihrerseits liebend gerne Tang fressen. Wo Seeotter fehlen, sind die Seeigel zahlreich und dezimieren den Tang. Ist der natürliche Feind hingegen zugegen, bleibt die Zahl der Seeigel überschaubar, und der Fraßdruck auf den Seetang ist gering. So fördern die Seeotter die Tangwälder in den Uferzonen, den wichtigen Lebensraum für eine Vielzahl von Meerbewohnern bieten.

5

5 Vom Seeotter gestaltet: Kelpwald an der kalifornischen Küste.

Fleckenhalsotter *(Hydrictis maculicollis)*

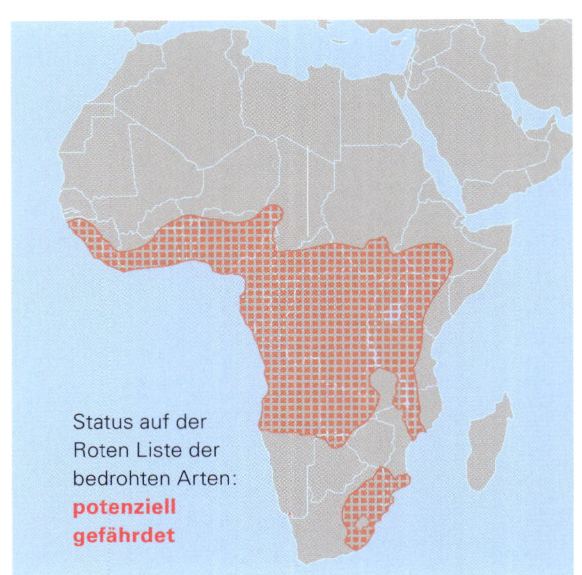

Wenn der Fleckenhalsotter seinen Kopf aus dem Wasser streckt, erscheint dieser eher viereckig als rund – wie das Haupt einer kleinen Hyäne. In Teilen seines afrikanischen Verbreitungsgebiets wird er denn auch «Wasserhyäne» genannt. Der bloß 3 bis 7 Kilogramm schwere Otter ist stark an das Wasser gebunden. Namensgebend sind die hellen Flecken an Hals, Brust und Kinn. Das Fleckenmuster ist individuell.

Die Lebensräume des Fleckenhalsotters sind vorwiegend größere Gewässer mit felsigen Ufern, die von Gebüsch oder Wald gesäumt sind – Flüsse und Seen wie z. B. der Viktoriasee in Ostafrika.

Die Nahrung des Fleckenhalsotters besteht größtenteils aus Fischen. Diese werden meist in den ufernahen Bereichen erbeutet, zwischen Felsblöcken und Baumästen, die ins Wasser ragen. Geht ein Tier an Land, entfernt es sich nur selten mehr als 10 Meter vom Ufer.

Die Art lebt vorwiegend in relativ großen Gruppen desselben Geschlechts. Gelegentlich kooperieren Tiere bei der Jagd auf Fischschwärme. Die ausgesprochen vokalen Otter verständigen sich mit unterschiedlichen Pfiffen, Rufen und Grunzen.

Bei den Fischern macht sich der Fleckenhalsotter unbeliebt, weil er zuweilen die Netze plündert und beschädigt. Dabei riskiert er, sich im Netz zu verheddern und zu ertrinken. Dies ist eine der häufigsten Todesursachen. Hinzu kommt die Jagd – wegen des Fleisches und weil mann glaubt, Artefakte aus seinem Pelz würden die Virilität von Männern erhöhen. Sein größtes Problem ist jedoch die anhaltende Vernichtung geeigneter Habitate an den Gewässerufern. Wo der Lebensraum noch stimmt, kann der Fleckenhalsotter andererseits noch recht zahlreich vorkommen – zum Beispiel am Malawisee, wo er als Touristenattraktion durchaus gerne gesehen ist.

Kapotter *(Aonyx capensis)*

Der Kapotter ist auf Krabben als Nahrung spezialisiert. Wie bei den anderen *Aonyx*-Arten fehlt bei ihm die Schwimmhaut an den Vorderpfoten, und seine Krallen sind reduziert. Um an seine Beute zu gelangen, tastet er den Grund seichter Gewässer mit den Fingern ab. Hat er eine Krabbe erwischt, zerbeißt er sie mit seinen breiten Backenzähnen.

6 Zuweilen schließen sich Kapotter zu Familienverbänden zusammen.

Mit einem Körpergewicht von durchschnittlich 13 Kilogramm bei den Weibchen und 15 Kilogramm bei den Männchen zählt der Kapotter zu den größeren Otterarten. Nacken, Gesicht, Bauch und Hals sind weißlich, der Rest des Körpers ist braun.

Sein Name verleitet zur Annahme, er sei vor allem in Südafrika heimisch. Tatsächlich kommt der Kapotter aber in weiten Teilen Afrikas vor. In Äthiopien wurden schon Tiere in Höhenlagen um 3000 m ü. M gesichtet.

Das Sozialverhalten ist flexibel. Der Kapotter kann in Familienverbänden leben, aber auch einzelgängerische Männchen und Weibchen kommen vor. Manchmal schließen sich verwandte Individuen einem Weibchen mit Jungen an und formen so einen erweiterten Familienverband.

Der Kapotter leidet unter den vom Menschen verursachten Lebensraumveränderungen. Dabei spielen auch invasive Neophyten wie die Wasserhyazinthe *(Eichhornia crassipes)* eine Rolle. Die aus Südamerika eingeführte Pflanze führt zu einer Verkrautung des Gewässers und einer Abnahme der Fischbestände. Auch wird der Kapotter gejagt – für sein Fell, aber auch, weil Teile seines Körpers in der traditionellen Medizin eingesetzt werden. Möglicherweise ist die Art auch sehr empfindlich gegenüber Krankheiten, die von streunenden Hunden übertragen werden (Yoxon & Yoxon 2014).

6

Kongo-Fingerotter *(Aonyx congicus)*

Der Kongo-Fingerotter lebt hauptsächlich in Gewässern und Sümpfen des tropischen Regenwaldes im Kongobecken. Er ist kleiner, jedoch etwas schwerer als der Kapotter. Die Art wurde erst 1910 beschrieben. Sie galt bis dahin als Unterart des Kapotters. Charakteristisch ist die Gesichtsmaske: Die Haare auf dem Kopf und am Hals haben silberne Spitzen, und zwischen Nase und Augen verläuft ein dunkler Fleck.

Der Kongo-Fingerotter wird auch Sumpfotter genannt. Seine Leibspeise sind große Erdwürmer, die er mit den krallenlosen Vorderpfoten aus dem schlammigen Boden zieht. Daneben frisst er auch Fische, Frösche, Krabben und allerlei Insekten. Um neue Jagdgebiete zu erschließen, kann er zuweilen weite Strecken an Land zurücklegen.

Über die Häufigkeit und die aktuelle Verbreitung des Kongo-Fingerotters weiß man praktisch nichts. Es wird vermutet, dass er zu den selteneren Otterarten gehört. Die Art wird als Beutekonkurrent der Fischer bejagt, aber auch für ihr Fell und Fleisch. Verstärkt auftretende Dürren aufgrund des Klimawandels gefährden sie zunehmend.

Glatthaarotter *(Lutrogale perspicillata)*

Der Otter mit dem namengebenden kurzhaarigen, glatten Fell lebt im südlichen Asien in Seen, Flüssen, Mangroven und Küstengebieten mit dichter und ausgedehnter Vegetation entlang der Ufer. Weil er nahezu im gesamten indischen Subkontinent heimisch ist, wird er auch Indischer Fischotter genannt.

Glatthaarotter ernähren sich größtenteils von Fischen, vor allem von langsam schwimmenden. Gebietsweise können Krebse einen bedeutenden Teil ihrer Nahrung ausmachen. Auch Ratten sind vor ihnen nicht sicher.

Die Art lebt in Gruppen von 5 bis 10 Individuen. Oft jagen die Tiere gemeinsam und kooperieren untereinander. An einem seichten Fluss in Thailand beobachtete der holländische Otterbiologe Hans Kruuk einmal, wie zwei Glatthaarotter Fische, die für sie zu schnell waren, um sie erfolgreich im offenen Wasser bejagen zu können, koordiniert ins Schilf am Ufer trieben. Da waren die Fische leichter zu erbeuten (Kruuk 2006).

Glatthaarotter erlangen die sexuelle Reife viel später als die meisten anderen Otterarten. Sie können sich frühestens im Alter von 3 bis 4 Jahren fortpflanzen.

Fischer verübeln ihnen, dass sie gelegentlich Netze zerreißen und sich am Fang bedienen. Andererseits werden sie seit über 200 Jahren in Bangladesch für die Fischjagd eingesetzt. Gezähmte und angeleinte Otter stöbern dabei

Fische auf und treiben sie in die Netze der Fischer. Wegen der wachsenden Umweltbelastung und den veränderten Lebensbedingungen der Menschen wird diese traditionelle Art der Fischerei aber immer weniger praktiziert: Um 2011 arbeiteten gerade noch 49 Fischergruppen mit insgesamt 138 Glatthaarottern (Feeroz et al. 2011).

Der Glatthaarotter hat in den letzten Jahrzehnten starke Bestandseinbußen erlitten, vielerorts ist er ausgestorben. Nicht zuletzt, weil er meist gruppenweise auftritt, gehört er zu den auffälligeren Otterarten. Das macht ihn empfindlich gegenüber menschlicher Verfolgung. Motive für die (illegale) Jagd sind das seidige Fell sowie gebietsweise die medizinische Verwendung von Teilen seines Körpers; Kissen aus Otterleder sollen gegen Hämorrhoiden helfen, Mützen gegen Migräne. Wachsende Siedlungen an den Gewässern, Staudämme und Pestizide bedrohen diese hübsche Otterart zusätzlich.

Ein positiver Trend zeigt sich in Singapur: Die jahrelangen Bemühungen, den Zustand des Kallang Flusses (auch «Totes-Huhn-Fluss» genannt, weil er lange so verdreckt und vergiftet war) haben gefruchtet: Seit 2015 können Spaziergänger an dessen Ufer die tagaktiven Glatthaarotter beobachten. Die Population scheint dort zu wachsen.

7 In Bangladesch werden Glatthaarotter traditionell als Fischereigehilfen eingesetzt.

7

Zwergotter *(Aonyx cinereus)*

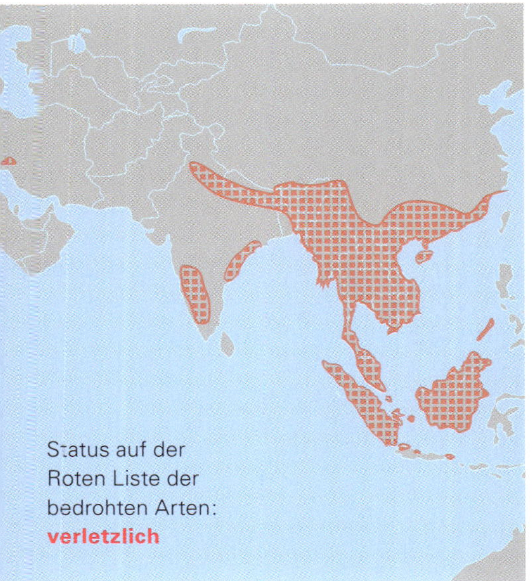

Weniger als 3,5 Kilogramm wiegt die kleinste aller Otterarten. Weil er so putzig aussieht, ist der Zwergotter ein beliebtes Zootier. Außerhalb von Gehegen findet man ihn in Asien. Dort lebt er in Bächen und Flüssen, Sumpfgebieten, Reisfeldern und erscheint auch an der Meeresküste und in Mangroven.

Von allen Otterarten ist er am wenigsten auf Fischnahrung angewiesen. Lieber sind ihm Krabben, Muscheln und andere wirbellose Tiere, nach denen er zuweilen auch an Land sucht. Mit den langen, tastempfindlichen Fingern, die bloß kümmerliche Krallen tragen, sind die Vorderpfoten bestens dazu geeignet, im Sand oder im Schlamm nach Nahrung zu stochern: sie sehen aus wie Hände. Auch das Gebiss ist der Diät angepasst: Es eignet sich gut für das Knacken von Krebs- und Muschelschalen.

Zwergotter sind soziale Tiere, die in Familienverbänden von durchschnittlich 5 bis 8 Individuen leben. Das ranghöchste Weibchen führt die Gruppe an. Es ist das einzige weibliche Mitglied, das sich fortpflanzt. Beide Elterntiere kümmern sich um den Nachwuchs, wobei das Männchen Nahrung einträgt. Auch die älteren Geschwister aus dem vorherigen Wurf helfen mit.

Manche Populationen des Zwergotters sind in letzter Zeit eingebrochen, gebietsweise ist die Art gar ausgestorben. Die Industrialisierung, die Umweltverschmutzung, der Raubbau an den Wäldern für Palmölplantagen sowie illegaler Tier- und Pelzhandel tragen zum Verschwinden des kleinen, geselligen Otters bei.

Haarnasenotter *(Lutra sumatrana)*

Sein Name rührt daher, dass der Nasenspiegel und die Nasenscheidewand behaart sind. Ein weißer Fleck ziert die Oberlippe des Haarnasenotters wie ein Bart. Der Schwanz des schlanken Tieres ist auffällig lang.

Über ihn ist sehr wenig bekannt: Weder weiß man Genaues über das Sozialleben, noch über die räumliche Organisation. Sein Lebensraum sind Sumpfwälder, Flüsse, Meeresküsten und Mangroven. Man geht davon aus, dass die Tiere größtenteils einzelgängerisch leben, doch wurden auch schon Gruppen von 5 bis 6 Individuen gesichtet.

Der Haarnasenotter ist strikt nachtaktiv. Seine Nahrung besteht zu 80 Prozent aus Fischen, doch erbeutet er auch Schlangen, Frösche, Echsen, Krebse, Vögel und kleine Säugetiere. Die Tiere scheinen sich bis zu einem gewissen Grad an Veränderungen des Nahrungsangebotes anpassen zu können: In Vietnam wurde eine Verlagerung der Beute von Krebsen auf Schlangen beobachtet, nachdem erstere aufgrund der Versalzung der Süßgewässer verschwunden waren.

Man nimmt an, dass die Art um 1900 in Südostasien häufig war. 1999 galt sie als ausgestorben; seit über 10 Jahren war kein Tier mehr gesichtet worden. Doch wie durch ein Wunder wurden in der Folge in verschiedenen Regionen wieder Individuen entdeckt, so etwa in Thailand, Indonesien,

Vietnam und Kambodscha. Der Haarnasenotter bleibt aber die seltenste und am schlechtesten erforschte Otterart.

Die Zerstörung seiner Lebensräume macht ihm das Überleben schwer: Wälder werden in Agrarflächen umgewandelt, nicht zuletzt zur Produktion von Palmöl. Die extreme Armut in der Bevölkerung verleitet zum Schwarzhandel mit Pelzen oder lebend gefangenen Ottern als Heimtiere. Dies bedroht die Art massiv. Ein Aussterbensrisiko geht auch von der bereits stark reduzierten genetischen Vielfalt der kleinen und isolierten Populationen aus.

8

9

10

8 Selten, aber immer noch auf dem Markt zu finden: Fell eines Haarnasenotters (links) und eines Glatthaarotters (rechts).

9 Spiel oder Ernst? Ein Hunderudel trifft in Singapur auf eine Gruppe Glatthaarotter.

10 «Vorbeiziehende Otter – Bitte nicht zu nahe treten und auf Distanz betrachten»: Am Kallang-Fluss in Singapur spazieren Glatthaarotter zuweilen über die Uferpromenade.

Wasser- und landtauglich

Der Eurasische Fischotter ist ein herausragender Schwimmer, kann sich aber auch auf vier Pfoten recht flink fortbewegen. Gegen die Kälte ist er mit einem hochisolierenden Pelz gewappnet.

1

Der Eurasische Fischotter gehört zu den eher kleineren Vertretern der Lutrinae. Ein ausgewachsenes Männchen ist – von der Nase bis zur Schwanzspitze – etwa 1,2 Meter lang und 9 Kilogramm schwer. Die Weibchen sind in der Regel 20 bis 30 Prozent kleiner (Mason & Macdonald 1986). Wie alle Musteliden haben Fischotter kurze Beine und einen langgestreckten Körper. Große Exemplare erreichen eine Schulterhöhe von 30 Zentimetern. Der Schwanz macht gut ein Drittel der Körperlänge aus.

Es gibt indessen große individuelle Unterschiede. Kleinste Weibchen bringen weniger als 4 Kilogramm auf die Waage, große Männchen können hingegen 12 Kilogramm schwer und 1,4 Meter lang werden. Rekordverdächtig sind die gemessenen Körpergewichte von 12,6 Kilogramm bei einem Weibchen und 16 Kilogramm bei einem Männchen (Harris 1968).

Vorhergehende Doppelseite:
Das Wasser ist das Element des Eurasischen Fischotters.

1 Die Fellfärbung des Fischotters ist variabel. In sehr seltenen Fällen treten auch Albinos auf.

Große und Kleine

Die Durchschnittsgrößen variieren regional. Nordeuropäische Fischotter sind in der Regel größer als ihre Verwandten im Süden. Britische Männchen sind bis zu 11 Prozent länger und 35 Prozent schwerer als spanische. Bei den Weibchen sind die Unterschiede schwächer, aber auch ausgeprägt (Ruiz-Olmo et al. 1998). Wie groß ein Fischotter wird, scheint unter anderem mit dem Nahrungsangebot während der Wachstumsphase in der Kindheit zusammenzuhängen. In nahrungsarmen Regionen sind Fischotter kleiner und leichter als da, wo das Beuteangebot sehr energiereich ist (Yom-Tov et al. 2006). Spannend ist die Entwicklung entlang der norwegischen Küste: Hier sind die Fischotter über die letzten Jahrzehnte gewachsen. Man vermutet, dass die Klimaerwärmung sowie die Lachse, die zu Tausenden jährlich aus Zuchtanstalten entkommen, dabei eine wichtige Rolle spielen (Yom-Tov et al. 2010).

2 Nase, Augen und Ohren sind auf einer Linie parallel zur Wasseroberfläche angeordnet.

3 Raubtiergebiss des Fischotters (oben) und Schädelformen der mitteleuropäischen Marderartigen.

Schädel, Fell und Pfoten

Das Fell ist am Rücken dunkelbraun bis gräulich gefärbt, Kehle und Bauch sind oft heller. Es ist überaus dicht, glatt und wirkt wasserabweisend. In einigen Regionen Europas haben die Tiere weiße Flecken an Kinn und Brust. Daran kann man sie individuell unterscheiden.

Nase, Augen und Ohren sind am Kopf auf einer Ebene angeordnet. So kann ein Fischotter, der an der Oberfläche schwimmt, die Umgebung gleichzeitig mit allen drei Sinnesorganen wahrnehmen, ohne dass er den Kopf weit aus dem Wasser strecken muss. Ein Merkmal, anhand dessen sich der Eurasische Fischotter von anderen Otterarten unterscheiden lässt, ist das «W», das von dem nackten oberen Nasenspiegel gebildet wird.

Der Schädel ist langgezogen und flach. Bei den Weibchen ist er kleiner als bei den Männchen. Man geht davon aus, dass Männchen mit größeren Schädeln dominant sind (Pertoldi et al. 1998). Der Schädelkamm ist bei Männchen deutlicher ausgebildet als bei Weibchen. Aufgrund des Schädels ist auch eine Unterscheidung zwischen jungen und mehr als zwei Jahre alten Tieren möglich: Im ersten Lebensjahr sind die Knochennähte, besonders jene der Nasenbeine, gut sichtbar. Sie verschwinden erst allmählich im zweiten Lebensjahr. Dann beginnt sich auch der Schädelkamm abzuzeichnen (Müller & Müller 2004).

2

Der Fischotter besitzt ein typisches Raubtiergebiss mit ausgeprägten Eckzähnen. Die Welpen kommen zahnlos zur Welt. In den ersten Wochen entwickelt sich das Milchgebiss, das aus 28 Zähnen besteht. Zwischen dem sechsten und achten Monat wächst das Dauergebiss mit 36 Zähnen.

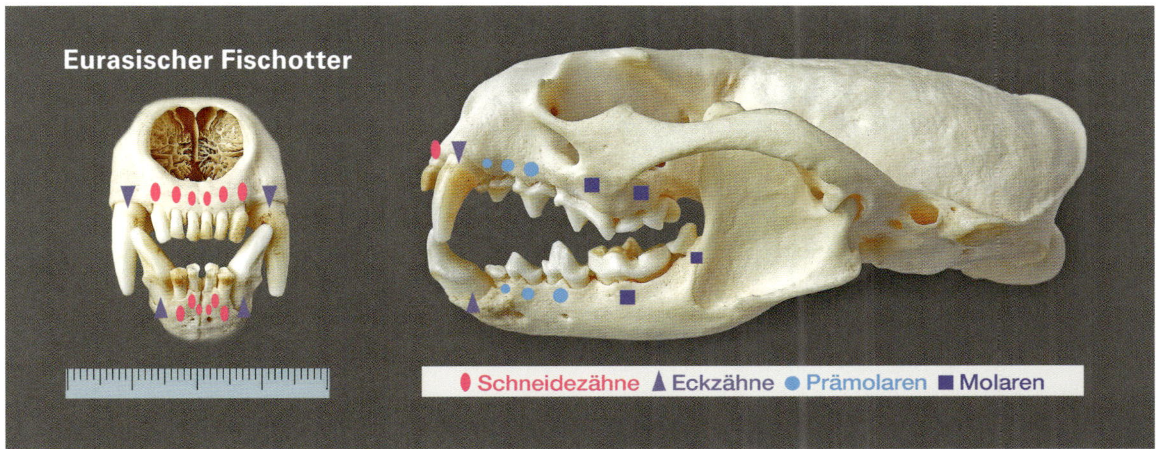

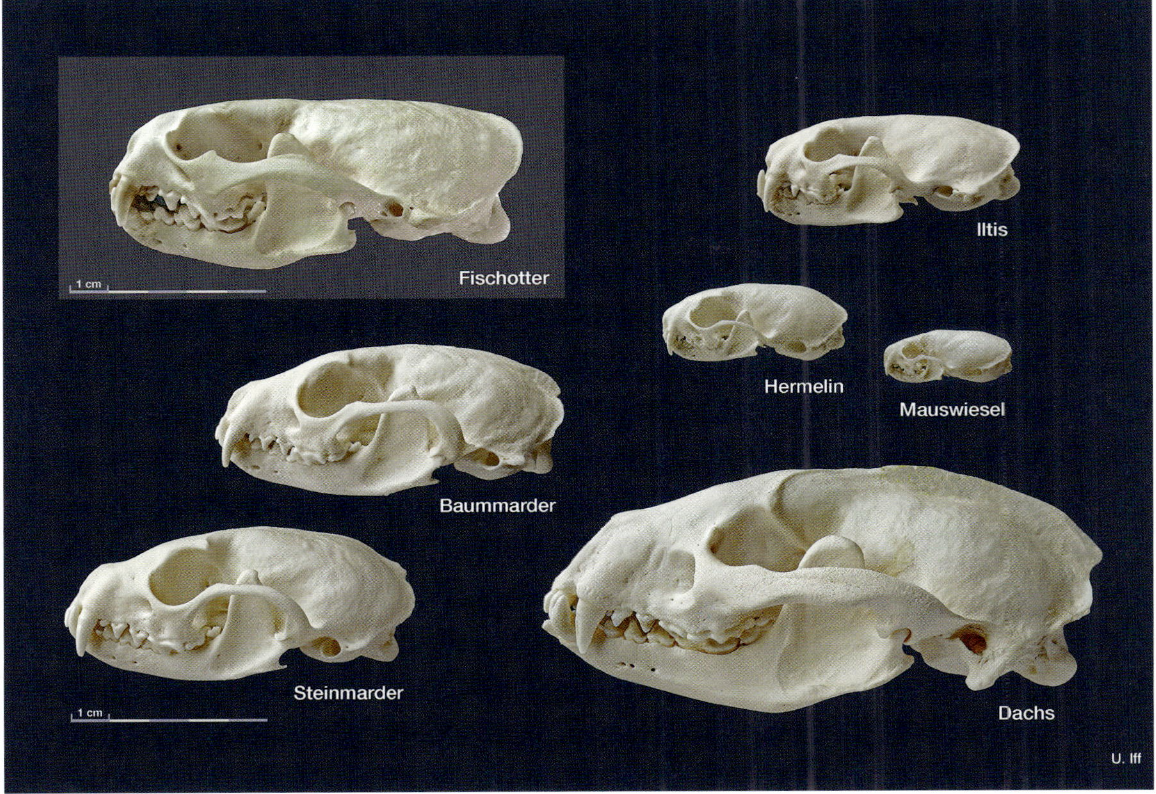

3

4 Die Unterseite der Pfoten ist beim Fischotter unbehaart.
5 Pfoten und Trittsiegel des Fischotters (vl: linke Vorderpfote, hl: linke Hinterpfote) im Vergleich mit Fährten von Dachs, Fuchs und Steinmarder.

Der Fischotter lebt auf großen Pfoten. Die Vorderpfote ist 4 bis 7 Zentimeter lang und recht rundlich. Die Hinterpfote ist länglich und mit 7 bis 9 Zentimetern Länge auch deutlich größer. Die Hand- und Fußflächen sind unbehaart. Alle Zehen tragen Krallen, die der Fischotter jedoch nicht einziehen kann. Die Zehen sind mit Schwimmhäuten verbunden. Die dicken, haarlosen Häute erhöhen beim Schwimmen und Tauchen den Vortrieb.

Da der Fischotter ein Sohlengänger ist, zeichnet sich die Länge der ganzen Pfote in weichem Untergrund ab. Vollständige Trittsiegel zeigen die fünf Zehen, gelegentlich kann man den Abdruck der Schwimmhaut schön erkennen.

4

vl
1 cm
hl
vl
1 cm
hl
1 cm
Fischotter vl
1 cm
Dachs vl
1 cm
Fuchs vl
1 cm
Steinmarder vl
1 cm

5

6 Der stromlinienförmige Körper macht den Fischotter zu einem wendigen Schwimmer.
7 Die Tasthaare – Vibrissen – am Kopf sind unentbehrliche Sinnesorgane bei der Jagd.

Verzögerte Atemnot

An Land atmet der Fischotter 30 bis 50 mal pro Minute (Melissen 2000). Auch tauchend hält er es oft weniger als 1 Minute lang ohne Atmung aus. Nur im Extremfall kann er bis zu 7 Minuten lang unter Wasser bleiben. Wenn er länger taucht, sinkt die Herzfrequenz von 200 Schlägen/Minute im Ruhezustand auf 42 Schläge/Minute (Melissen 2000). Zusätzlich wird der Sauerstoffverbrauch gedrosselt.

Das Lungenvolumen ist höher als bei landlebenden Raubtieren gleicher Größe. Der rechte Lungenflügel hat vier Lappen, der linke zwei (Mason & Macdonald 1986). Damit den Tieren bei der Jagd unter Wasser nicht zu rasch die Luft ausgeht, hat ihr Körper eine weitere Spezialität auf Lager: Fischotter besitzen mehr Hämoglobin im Blut als andere Landlebewesen. Das Hämoglobin bindet den Sauerstoff. Die Tiere können deshalb in ihrem Kreislauf mehr Sauerstoff transportieren. Aufgrund einer höheren Pufferkapazität ertragen sie zudem mehr Kohlendioxid (CO_2) im Blut als andere Marderarten. Erhöhte CO_2-Gehalte lösen bei den meisten Tieren einen Atemreflex aus – der Fischotter kann wegen der höheren Toleranzgrenze länger mit Atmen zuwarten.

6

Augen und Vibrissen

Fischotter sind eher kurzsichtig, sehen in der Nähe aber scharf (Chanin 2013). Das Auge muss sich an die unterschiedlichen Bedingungen im Wasser und an der Luft anpassen können. Die Netzhaut ist stark gefaltet, die Form der Linse lässt sich verändern. Um den erhöhten Druck unter Wasser ausgleichen zu können, ist die Irismuskulatur verstärkt (Reuther 1993). Letztere sorgt zudem dafür, dass die Pupillen rasch auf Lichteinfälle reagieren können. Das ist wichtig, denn Wasser absorbiert viel Licht. Beim Auftauchen am Tag würde sonst die Helligkeit des Sonnenlichts die Tiere stark blenden.

Ansonsten zeigt die Anatomie des Otterauges keine Auffälligkeiten. Wie in jedem Säugetierauge finden sich in der Netzhaut Stäbchen für das Sehen bei schwacher Beleuchtung und Zapfen, die dem Farbsehen dienen (Peichl et al. 2001). Fischotter erkennen denn auch sowohl im Wasser wie an der Luft Farben (Reuther 1993). Experimente zeigten, dass die Tiere im seichten Wasser blau und grün gut von verschiedenen Grautönen unterscheiden können. Einzig Rot erkennt das Otterauge offenbar nicht (Reuther 2002).

7

8 Beim Schwimmen dient der Schwanz als Stabilisator, der Turbulenzen verhindert.

Fischotter jagen am effizientesten auf Sicht. Doch auch in der Nacht fangen sie Beute. Dabei helfen ihnen die langen Tasthaare – Vibrissen genannt – an der Schnauze, bei den Brauen und an den Ellbogen. Sie registrieren feinste Wasserschwingungen, die von fliehenden Fischen ausgehen. Mit ihrer Hilfe können Fischotter auch im trüben Wasser und in der Dunkelheit Beute aufspüren und Hindernisse erkennen. Auch wenn die Tiere viermal erfolgreicher sind, wenn sie auf Sicht jagen, sind die Vibrissen unersetzlich. Dies zeigte ein Experiment in den 1980er-Jahren: Jim Green schnitt einem Fischotter in Gefangenschaft die Vibrissen kurzerhand ab. Das so um seinen Ferntastsinn beraubte Tier brauchte fast zwanzigmal länger, um einen Fisch zu erbeuten (Chanin 2013).

Ohren und Nase

Ohren und Nase werden beim Tauchen hermetisch verschlossen. An Land sind aber beide Sinnesorgane wichtig und leistungsfähig. Die Ohren sind bloß 1,7 bis 2,5 Zentimeter lang, doch wird vermutet, dass Fischotter damit gut hören können – besser als wir. Möglicherweise können sie akustische Signale in Frequenzbereichen wahrnehmen, die für uns nicht hörbar sind.

Auch der Geruchssinn ist gut ausgeprägt. Bei günstigem Wind können Fischotter einen Menschen auf 200 Meter Entfernung riechen. Die Nase ist nicht zuletzt für die Kommunikation mit Artgenossen wichtig, die vor allem auf Duftstoffen im Kot basiert (siehe auch Seite 132 ff).

Schneller Schwimmer und Taucher

Der Fischotter ist ein ausgezeichneter Schwimmer. Mit seinem schlanken, stromlinienförmigen Körper und dem glatten Fell ist er im Wasser überaus agil. Der muskulöse, kurzbehaarte, bei Männchen 40 bis 50, bei Weibchen 35 bis 45 Zentimeter lange Schwanz ist an der Basis dick, am Ende spitz auslaufend und minimal abgeplattet. Gemeinhin wird angenommen, er würde beim Tauchen und Schwimmen als Ruder eingesetzt. Wissenschaftliche Untersuchungen ergaben jedoch, dass er eine hydrodynamische

Funktion hat: Der Otterschwanz verhindert Turbulenzen am Körperende und erhöht damit die Tauchgeschwindigkeit (Fish 1994).

Schwimmend erreicht ein Fischotter eine Geschwindigkeit von maximal 12 km/h (Mason & Macdonald 1986). Er würde damit jeden Spitzenathleten abhängen: Der Brasilianer César Cielo brachte es 2009 bei seinem Weltrekord über 100 Meter Freistilschwimmen auf der 50 Meter-Bahn auf 7,7 km/h. So schnell ist der Fischotter aber nur kurz und auf der Jagd. Ansonsten nimmt er es gemütlicher. Er ist dann mit 3,2 bis 4,7 km/h unterwegs (Pfeiffer & Culik 1998).

Ein Fischotter kann mehr als 10 Meter tief tauchen. An der schottischen Meeresküste beobachtete der Otterforscher Hans Kruuk einmal ein Tier, das 14 Meter unterhalb der Wasseroberfläche einen Aal erbeutete. Doch weitaus die meisten Tauchgänge führen nicht so weit hinab. Gejagt wird bevorzugt in einem bloß 20 Meter breiten Uferbereich, wo das Wasser maximal 3 Meter tief ist (Kruuk 1995).

9 Fortbewegungsarten des Fischotters an Land.

10 Das Fell des Fischotters besteht aus kurzen Wollhaaren und langen Deck- oder Grannenhaaren (auf dem Foto mit eingeschlossenen Wassertropfen).

Gut zu Fuß

An Land sind Fischotter nicht unbedingt die grazilsten Wesen. Mit ihrem buckligen Gang, den kurzen Beinen und dem gesenkten Kopf wirken sie etwas ungelenk. Die Tiere bewegen sich im Schritt, im Galopp oder einer Art «Dreisprung» vorwärts. Bei letzterer Gangart ähnelt das Spurenbild demjenigen eines Hasen.

Ob Fischotter tatsächlich so schnell wie ein Mensch rennen können, wie zuweilen behauptet wird? Zweifel sind angebracht. Ein naher Verwandter, der Fleckenhalsotter, bringt es auf eine Spitzengeschwindigkeit von gerade mal 2 Metern pro Sekunde. Viel schneller wird auch der Fischotter nicht rennen können – wohl aber jeder Jogger im Rentneralter.

Obwohl Fischotter lange Strecken schwimmend in Gewässer hinter sich bringen, können sie beachtliche Wanderungen an Land unternehmen. Wasserscheiden und über 2000 Meter hohe Pässe wurden von einzelnen Tieren schon überwunden.

Auch in anderer Hinsicht sind Fischotter außerhalb von Gewässern recht sportlich. Sie buddeln, springen und klettern. Im Gegensatz zu anderen

9

Musteliden springen sie aber im Verhältnis zu ihrer Körpergröße nicht sehr weit. Mit ihren flachen Sprüngen schaffen sie maximal 1,6 Meter. In die Höhe springen sie knapp 1,3 Meter. Dafür sind sie in der Lage, sich bis zu 90 Zentimeter aus dem Wasser hinaus zu katapultieren – vorausgesetzt, sie können sich am Grund abstoßen.

Fischotter klettern behände steile Hänge hinauf und herunter. Auch leicht schräg wachsende Bäume werden zuweilen erklommen, doch dürfte dies eher die Ausnahme sein. Hingegen können schneebedeckte, steile Hänge und Böschungen für Fischotter zu einer Art Spielplatz werden. Beobachtungen und Spuren im Schnee zeugen davon, dass die Tiere mit angelegten Vorderpfoten kopfvoran hinabrutschen – was ihnen Vergnügen zu bereiten scheint.

Fell statt Fett

Das Leben im nassen Milieu stellt bei warmblütigen Tieren hohe Anforderungen an die Körperisolation, denn im Wasser wird die Wärme rund 25-mal rascher abgeführt als an der Luft. Einige ganz oder vorwiegend im Wasser lebende Tiere wie Biber, Robben, Wale und Delfine schützen sich mit einer Fettschicht vor Wärmeverlust. Diese kann bei Robben bis zu 41 Prozent des

10

11 Die Wollhaare sind geschuppt. Sie verzahnen sich miteinander, was den Einschluss von isolierender Luft in das Fell ermöglicht.

Körpergewichts ausmachen, bei Bibern etwa 14 Prozent (Pond & Mattacks 1985; Jankowska et al. 2005). Fett wirkt nicht nur isolierend – es ist auch eine Energiereserve, von der die Tiere in kargen Zeiten zehren können.

Der Körper der Otter ist hingegen nahezu fettfrei. Ein Tier mit einem Anteil von 3 Prozent Fett am Körpergewicht gilt bereits als übergewichtig (Pond & Mattacks 1985). Außerdem befindet sich das Fett in der Bauchhöhle und am Schwanzansatz, wo keine isolierende Wirkung zu erwarten ist. Um die Körpertemperatur bei 38°C zu halten, verlassen sich die Otter ausschließlich auf ihr Fell (Kruuk 1995).

Säugetierfelle sind in der Regel zweischichtig. Sie bestehen aus der Unterwolle mit den Wollhaaren sowie den Deck- oder Grannenhaaren. Isolierend wirken vor allem die Luftblasen, die zwischen den Haaren der Unterwolle eingeschlossen sind (Hammel 1955). Um eine maximale Wärmedämmung zu gewähren, sind die Längen von Wollhaar und Deckhaar perfekt aufeinander abgestimmt.

Erwartungsgemäß haben Tiere kälterer Regionen ein dichteres Fell als Tiere in warmen Gegenden. Am dichtesten aber ist der Pelz bei semi-aquatischen Arten wie den Ottern. Auch sind bei ihnen die Haare viel feiner als bei landlebenden Tierarten (Fish et al. 2002).

70 000 Haare pro Quadratzentimeter

Der Eurasische Fischotter kommt auf durchschnittlich 69 000 Wollhaare plus 1000 Deck- oder Grannenhaare pro Quadratzentimeter (Kuhn et al. 2010). Weit mehr sind es beim Seeotter: Bei ihm sprießen im Durchschnitt 120 000 Haare/cm^2, das Maximum liegt bei 154 000. Er trägt damit eines der bestisolierenden Felle aller Säugetiere. Die verschiedenen Körperteile sind bei ihm unterschiedlich stark behaart: Die Wangenregion weist «nur» etwa 60 000 Haare/cm^2 auf, am Bauch sind es hingegen zwischen 82 000 und 143 000 (Kuhn et al. 2010). Zum Vergleich: Der Seehund *(Phoca vitulina)*, der sich mit einer dicken Fettschicht vor der Kälte schützt, hat 1100 bis 1800 Haare/cm^2 – und der Mensch am Kopf deren 200 auf der gleichen Fläche.

Neben der überaus dichten Behaarung zeichnet sich das Otterfell auch durch eine spezielle Haarstruktur aus. Die Wollhaare sind gewellt. Kutikulaschuppen bedecken den Haarschaft. Dadurch erscheint das Haar unter dem Mikroskop leicht gezackt. Diese Oberflächenstruktur macht es möglich, dass sich jedes Wollhaar mit seinen Nachbarn gut verzahnt. Damit lässt sich Luft optimal im Fell einschließen, gleichzeitig kann das Wasser schlecht bis zur Haut vordringen (Kuhn & Meyer 2010b).

Je länger die Wollhaare sind, desto dicker sind die isolierenden Luftpolster. In kälteren Regionen lebende Otterarten, wie der Eurasische Fischotter und der Seeotter, haben mindestens 12 Millimeter lange Wollhaare (Kuhn & Meyer 2010a). Entsprechend hoch ist die Isolationswirkung ihres Fells: Die Haut eines Seeotter kann 20 °C wärmer sein als die Umgebungstemperatur (Yoxon & Yoxon 2014). Beim Riesenotter, der im tropischen Amazonasbecken zu Hause ist, messen die Wollhaare hingegen im Durchschnitt bloß 5 Millimeter (Kuhn & Meyer 2010b).

Die Deckhaare sind bis zu 25 Millimeter lang und im Endteil abgeflacht. Bei Otterarten in kalten Regionen sind sie im unteren Bereich ebenfalls geschuppt. Dadurch verzahnen sich auch die Deckhaare mit den Wollhaaren und erhöhen so den Lufteinschluss im Fell. Durch das abgeplattete Ende werden sie im Wasser flach an den Körper gedrückt. So verhindert die Deckhaarstruktur wahrscheinlich Turbulenzen entlang des Körpers und reduziert dadurch den Reibungswiderstand im Wasser (Kuhn & Meyer 2010a).

Ein weiterer Vorteil eines überaus dichten, mit Luftbläschen ausgestatteten Fells ist der Auftrieb: Seeotter verbringen viel Zeit an der Wasseroberfläche. Das Luftkissen im Pelz trägt sie mühelos. So sparen die Tiere kostbare Energie, während sie auf dem Rücken schwimmend dösen oder fressen. Andererseits erschwert der luftige Pelz das Tauchen. Insgesamt ist die Energieersparnis während der Ruhezeit aber größer als der Zusatzaufwand beim Tauchen.

11

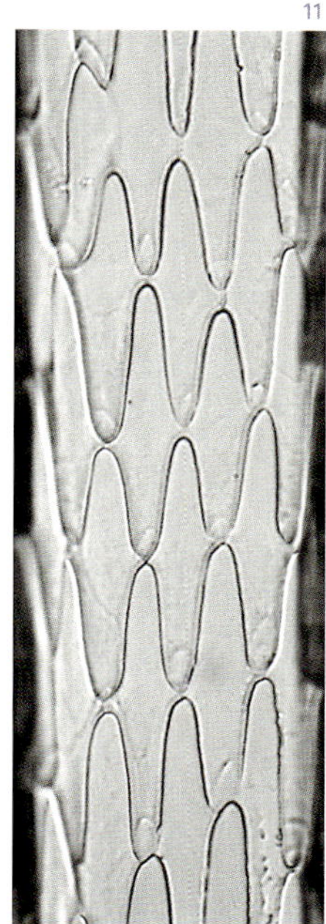

Pudelwohl im kalten Wasser

Der Fischotter scheint sich auch in kalten Gewässern pudelwohl zu fühlen. Jedenfalls dauern die Tauchgänge im wärmeren Wasser nicht länger als im kälteren (Kruuk 1995). Beim Eurasischen Biber *(Castor fiber)* oder dem Bisam *(Ondatra zibethicus)* ist dies anders: Sie bleiben bei tiefen Temperaturen weniger lang im Wasser (MacArthur 1979; MacArthur & Dyck 1990).

Nichtsdestotrotz bewirkt der Aufenthalt im kalten Wasser auch beim Fischotter einen Abfall der Körpertemperatur um durchschnittlich 2,3 °C. Um einer Unterkühlung vorzubeugen, heizen sich die Tiere vor dem Tauchgang auf. Die mittlere Körpertemperatur beträgt 38,1 °C (Kruuk 1995).

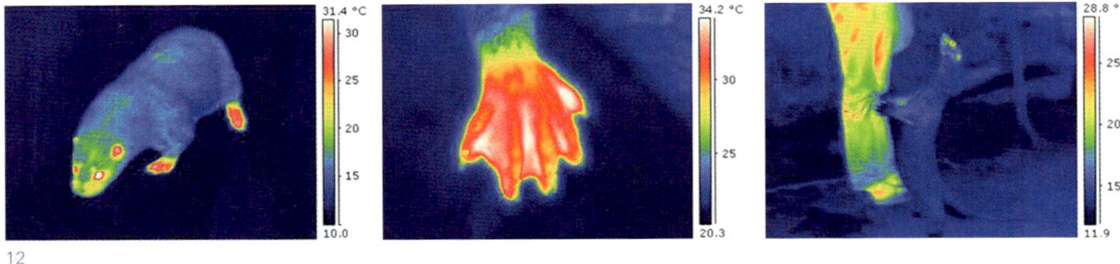

12

12 Infrarot-Wärmebilder des Fischotters (links) und seiner Pfote (Mitte). Kalte Bereiche sind blau, warme grün bis rot. Der Rumpf bleibt dank des isolierenden Fells kühl, über die Ohren, Augen und Pfoten wird Wärme abgegeben. Das Bild rechts zeigt einen Fischotter, der sich an ein menschliches Bein klammert.

Infrarot-Wärmebildkameras zeigten, dass der Fischotter vor allem über die Füße, aber auch über die Ohren, Augen und die Nase Körperwärme verliert (Kuhn & Meyer 2009). Das Fell selber schützt das Tier somit effizient vor Kälte. Dies kann allerdings bei großer Hitze zum Problem werden, denn dann muss Wärme abgeführt werden. Da der Fischotter relativ große Pfoten besitzt, die zudem noch Schwimmhäute haben, ist die Oberfläche für die Wärmeabgabe aber recht groß (Kuhn & Meyer 2009). Wird es zu warm, suchen die Tiere Abkühlung im Wasser.

Wie wichtig das Fell für Fischotter ist, zeigt auch dessen konstante Erneuerung. Während andere aquatische Arten, wie beispielsweise der Seehund, alle Jahre einen zeitlich beschränkten Fellwechsel durchmachen, fehlt ein solcher beim Fischotter. Die Haare werden laufend ersetzt, ohne dass sich dabei die isolierende Wirkung des Pelzes vermindert (Kuhn & Meyer 2010a).

Fellpflege

Ein derart hochentwickeltes Fell braucht Pflege. Fischotter verbringen über 6 Prozent ihrer Zeit mit Fellpflege (Nolet & Kruuk 1989). Nach jedem Tauchgang putzen sich die Tiere ausgiebig. Dabei blasen sie Luft in das Unterfell. Je tiefer sie getaucht sind, desto länger dauert diese Prozedur – vermutlich, weil der Wasserdruck die isolierende Luftschicht verringert hat.

Für Otter, die an den Meeresküsten oder gar im Meer leben, ist die Fellpflege mit einem speziellen Problem verbunden: Getrocknetes Salzwasser verklebt die Haare, was zu einem Verlust der Isolationswirkung führt. Am Meer heimische Fischotter brauchen deshalb Süßwasser, um sich das Salz aus ihrem Fell zu spülen. Ein Experiment von David Balharry belegt ihre starke Abhängigkeit von Süßwasservorkommen. Der Forscher hielt zwei Tiere in Gefangenschaft. Der eine wurde in einem Süßwasserbecken, der andere in einem Salzwasserbecken gefüttert. Letzterer hatte danach manchmal die

Gelegenheit, sich in ein Süßwasserbecken zu begeben – was er nach den meisten Tauchgängen auch tat. War ihm dies verwehrt, veränderte sich sein Verhalten massiv. Er saß nun sogar während der Fütterung zitternd am Beckenrand und glitt nur sehr zögerlich ins Wasser. Erst nach einem Bad im Süßwasser tauchte das Tier wieder ohne Hemmungen ins Salzwasserbecken (Kruuk & Balharry 1990).

Der Seeotter und der Meerotter, die beide ausschließlich im Meer jagen, kommen hingegen ohne Süßwasser aus. Umso aufwendiger ist bei ihnen die Fellpflege. Seeotter rubbeln ihren Pelz nach einem Tauchgang ausgiebig mit ihren Vorder- und Hinterpfoten. Dabei nutzen sie ihre Klauen als Kämme. Sie haben eine sehr lose Haut, sodass sie ihr Rückenfell wie einen zu großen Pullover nach vorne ziehen können (Kuhn & Meyer 2010a). Aufgrund dieser sehr intensiven Pflege verfilzt das Unterhaar nicht.

Erstaunlicherweise zeigt das Fell des Meerotters hingegen keine speziellen Anpassungen an das Leben im Salzwasser. Anders als beim Seeotter sind die Haare überraschend kurz, und die Haut ist auch nicht so lose, dass die Tiere jeden Quadratzentimeter pflegen könnten. Auffällig sind einzig die wenig geknickten und leicht dickeren Deckhaare (Kuhn & Meyer 2010a). Doch ob und wie diese Haarstrukturen die Thermoregulation beeinflussen, ist unbekannt. Möglicherweise ist beim Meerotter der Anpassungsprozess an die marinen Verhältnisse noch im Gang. Er ist ja auch die jüngste aller Otterarten (siehe auch Seite 16).

Sein täglich’ Fisch

Fischotter müssen viel fressen – doch die Beutejagd selbst verschlingt viel Energie. Normalerweise geht die Rechnung auf, aber wenn das Nahrungsangebot auch nur leicht sinkt und der Energiebedarf geringfügig steigt, wird es rasch eng.

1

Ein Tier ist, was es isst. In der Tat ist die Ernährung bei allen Tierarten ein äußerst wichtiger ökologischer Aspekt. Das gilt auch für den Fischotter: Fortpflanzungszeit, Aufzuchterfolg, Populationsdichte in einer Region, Kapazität des Lebensraums, Raumverhalten und Sterblichkeit hängen eng zusammen mit der Art und Weise, wie sich die Tiere ernähren (Heggberget et al. 1994; Kruuk 1995). Ob, wo und wie häufig eine Beuteart vorkommt, wirkt sich unmittelbar auf das Vorkommen und die Verbreitung des Fischotters aus. Umgekehrt hat dessen Anwesenheit auch Auswirkungen auf die Populationen seiner Beutetiere – und wahrscheinlich auch auf die Lebewesen weiter unten in der Nahrungspyramide.

Vorhergehende Doppelseite:
Ein Fischotter verspeist seine Beute.

1 Vogel statt Fisch: Fischotter auf Entenjagd in Norwegen.

Fischotter verdauen rasch

Fischotter fressen viel – und scheiden die Überreste ihrer Nahrung rasch wieder aus. Eine Studie mit Gehegeottern ergab, dass die Darmpassage bei aktiven Tieren durchschnittlich 67 Minuten dauert. Deutlich langsamer geht die Verdauung, wenn das Tier nach dem Fressen ruht. Dann wurde die Losung erst nach etwa 170 Minuten abgesetzt (Carss et al. 1998).

Bei diesem rasanten Durchgang durch den Magen-Darm-Trakt wird die Nahrung schlecht verwertet. In der Losung finden sich denn auch zahlreiche unverdaute Beutereste: Fischschuppen, Knochen, Haare, Federn oder Chitinpanzer von Krebsen und Insekten. Anhand dieser Überreste ist erkennbar, ob die Mahlzeit ein Fisch, ein Vogel, ein Frosch oder ein Krebs war. In vielen Fällen lässt sich gar bestimmen, welcher Gattung oder gar Art die gefressenen Beutetiere angehören (Conroy et al. 2005).

Täglich setzt ein Fischotter zwischen 14 und 23 Portionen Losung ab (Carss et al. 1998). Deponiert werden diese mit Vorliebe an auffälligen Markierungsstellen (siehe auch Seite 134), die auch für Menschen leicht auffindbar sind. Dies und die identifizierbaren Beutereste machen die Ernährung zu einem verhältnismäßig leicht zu erforschenden Aspekt in der Biologie des Fischotters. Es erstaunt denn auch nicht, dass sich ein Großteil der bisherigen Untersuchungen über ihn mit diesem Thema befasste. Auch heute noch werden jährlich wissenschaftliche Arbeiten zu seinem Nahrungsspektrum veröffentlicht (siehe Krawczyk et al. 2016).

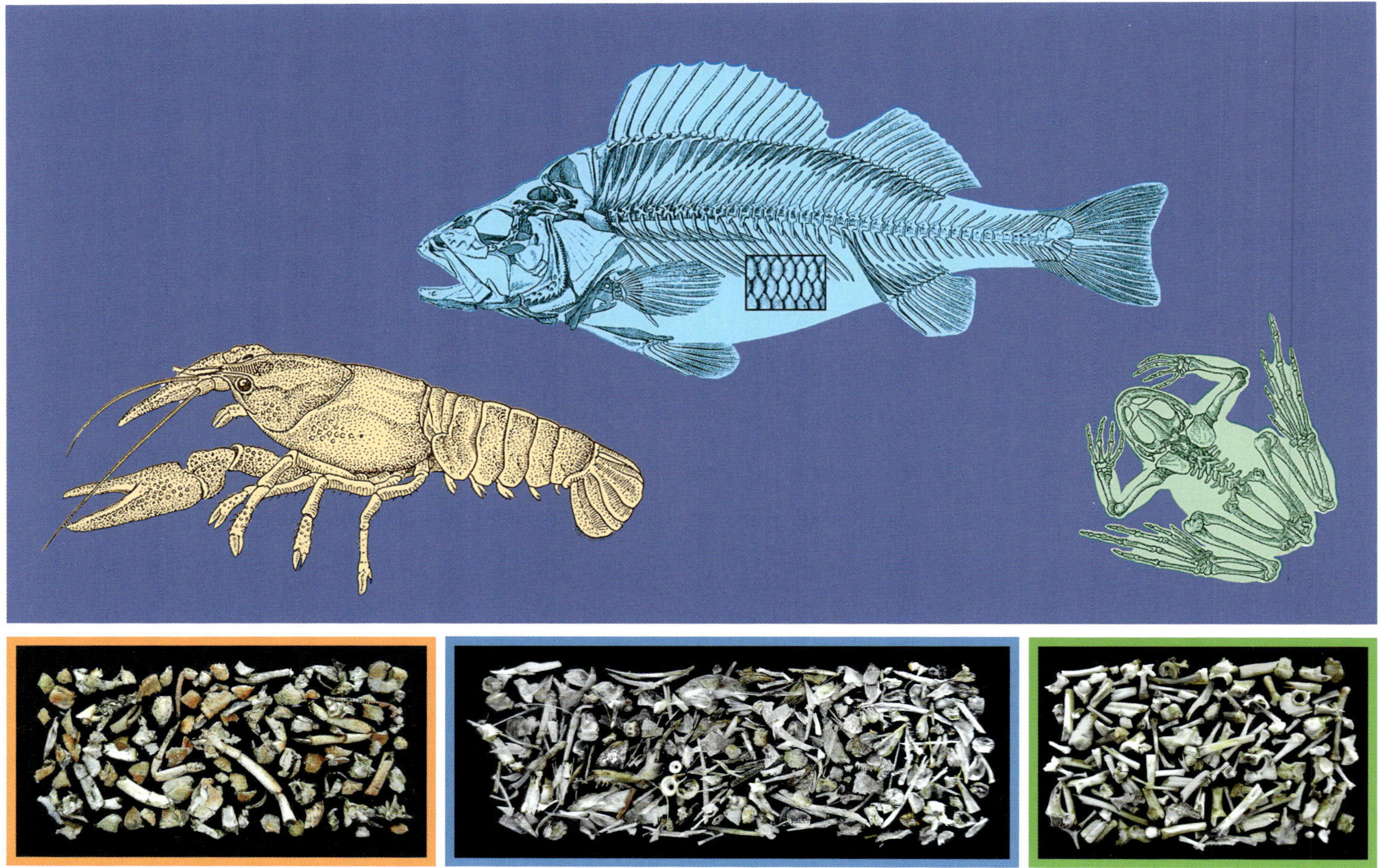

2

Hauptsächlich Fisch

Sein Name kommt nicht von ungefähr: Sowohl an den Meeresküsten als auch an Binnengewässern frisst der Fischotter vorwiegend Fische (Erlinge 1968a; Carss 1995; Brzezinski et al. 2006; Lanszki & Molnar 2003). Im Durchschnitt beträgt der Fischanteil an seiner Nahrung etwa 75 Prozent. Er kann aber je nach Saison und Region zwischen 50 und fast 100 Prozent schwanken (Krawczyk et al. 2016). In den Küstengebieten ernähren sich die Tiere fast ausschließlich von Fischen, in den Binnengewässern ist die Spezialisierung auf diese Beutetiere weniger ausgeprägt.

Als typischer Opportunist jagt der Fischotter, was sich ihm anbietet. In Forellengewässern sind es eher Forellen *(Salmo trutta)* und Groppen *(Cottus gobio),* in Seen vor allem karpfenartige Fische (Cypriniden), Hechte *(Esox lucius)* und Aale *(Anguilla anguilla).* Im Meer werden Arten mit einer weichen Haut bevorzugt erbeutet, so beispielsweise der Aal, die Aalmutter *(Zoarches viviparus),* der Atlantische Butterfisch *(Pholis gunnellus)* und die Seequappe *(Ciliata mustela).* Doch auch Fische mit Stacheln verschmähen die Fischotter nicht.

Die bisher durchgeführten Untersuchungen über den Speisezettel der Fischotter betreffen größtenteils Tieflandgewässer. 2010 bis 2013 wurde das Beutespektrum im Rahmen der Studie *Lutra alpina* (siehe auch Seite 209) auch in alpinen Fließgewässern erhoben. Salmoniden sowie Groppen hatten hier einen Anteil von mehr als 50 Prozent an der gesamten Otternahrung. Die Zusammensetzung veränderte sich indessen über die Jahreszeiten (Weinberger 2016).

2 Unverdauliche Beutereste im Fischotterkot: Chitinteile von Krebsen (links), Fischschuppen und -gräte (Mitte) sowie Knochen von Amphibien (rechts).

Kleine oder große Fische?

Aufgrund der Knochen lässt sich oft auch die Größe der erbeuteten Fische abschätzen. Überdurchschnittlich häufig finden sich in der Losung Überreste von Tieren bis zu 15 Zentimetern Länge (Mason & Macdonald 1986; Kortan et al. 2010). Es kann sein, dass der Fischotter sie bevorzugt, weil sie mundgerecht sind, sodass er sie gleich im Wasser verspeisen kann. Eine andere Erklärung ist, dass kleine – und damit jüngere – Fische schlicht und einfach häufiger im Gewässer vorkommen als große, und deshalb entsprechend öfter erbeutet werden (siehe Kortan et al. 2010). Nicht auszuschließen ist, dass der Anteil der größeren Beutetiere zuweilen aus methodischen Gründen unterschätzt wird: Fischotter fressen kapitale Fische wie Lachse oder Karpfen nicht immer vollständig auf, oder sie kauen auf den für die Bestimmung wichtigen Knochen bloß herum, anstatt sie zu verschlingen. Daher sind große Fische in der Losung manchmal nicht nachzuweisen (Carss et al. 1990).

Amphibien und Reptilien

Fisch ist mit Abstand die wichtigste, aber nicht die einzige Nahrungsquelle. Auch Amphibien tragen je nach Region substanziell zum Überleben der ansässigen Fischotter bei (Pagacz & Witczuk 2010; Ayres & García 2011).

3 Vor allem im Winter und im Frühling während der Laichzeit sind Amphibien leicht zu erbeuten. Die giftige Haut der angefressenen Erdkröte wurde verschmäht.

4 Auch die Eier der Amphibien mögen Fischotter nicht.

Vor allem in den Winter- und Frühjahrsmonaten ergänzen sie das Ottermenü (Brzezinski et al. 1993; Sulkava 1996). In Zentral- und Nordeuropa sind es hauptsächlich Grasfrösche *(Rana temporaria),* in Spanien und Portugal Iberische Wasserfrösche *(Rana perezi)* und Schlammtaucher *(Pelodytes ibericus).* Daneben finden sich auch Erdkröten *(Bufo bufo)* und Laubfrösche (*Hyla* sp.) im Speiseplan. Amphibien sind energetisch weniger ergiebig als Fische (Nelson & Kruuk 1994), aber mühelos zu erbeuten: Im Winter verharren sie in der Kältestarre. Die Fischotter müssen sie nur aus ihren frostsicheren Verstecken holen. Und in den Frühlingsmonaten treten Frösche und Erdkröten in den Laichgewässern in Massen auf. Auch dann haben die Fischotter ein leichtes Spiel (Krawczyk et al. 2016).

Doch nicht jede Beute lässt sich einfach fressen. Erdkröten wappnen sich mit Giftdrüsen, die über den ganzen Körper verteilt sind, gegen Fressfeinde. Deren Sekret kann bei Einnahme Krämpfe und Halluzinationen auslösen. Kleinere und mittelgroße Säugetiere können gar daran sterben (Sakate & Lucas de Oliveira 2000). Es gibt Beutegreifer, denen das Gift der Kröten wenig auszumachen scheint, doch der Fischotter gehört nicht zu ihnen. Bei ihm löst das Drüsensekret nach dem Kontakt mit der Mundschleimhaut Anzeichen von Übelkeit aus. Er lernt aber schnell. Tiere in Gefangenschaft, die noch nie eine Kröte aus der Nähe gesehen hatten, schafften es innerhalb kürzester Zeit, die Beute effizient zu enthäuten. Sie gehen dabei gleich vor wie erfahrene wilde Artgenossen. Daher geht man davon aus, dass diese Fähigkeit angeboren ist (Morales et al. 2015).

Die Handhabung und Zubereitung von Kröten kostet allerdings Zeit und Energie. Der Aufwand lohnt sich nur bei größeren Exemplaren. Solche werden denn auch vom Fischotter bevorzugt.

Bei Gras- und Laubfröschen erübrigt sich diese Prozedur, da diese Arten weitgehend auf eine giftige Abwehr verzichten. Die Fischotter mögen sie deshalb lieber (Weber 1990b; Sidorovich & Pikulik 1997); auch kleinere Tiere sind ihnen genehm (Ayres & García 2011).

Nicht sehr beliebt sind Reptilien. Vor allem im südlichen Europa bilden sie aber gelegentlich Bestandteil der Otternahrung. Nachgewiesen wurden Maurische Bachschildkröten *(Mauremys leprosa),* aber auch Vipernattern *(Natrix maura)* angehört (Clavero et al. 2005). Reptilien stehen vor allem in den Sommermonaten auf dem Speisezettel (Clavero et al. 2005). Die saisonale Erbeutung von Schlangen im Sommer mag damit zusammenhängen, dass die sonst tagaktiven Wassernattern ihre Aktivität in der heißen Zeit in die Nacht verschieben und sich öfter im kühlen Wasser aufhalten als zu anderen

3

4

Jahreszeiten. Dies erhöht die Wahrscheinlichkeit, dass Fischotter ihnen begegnen und sie als Beute wahrnehmen.

Insgesamt sind Amphibien und Reptilien aber Beutetiere zweiter Wahl. Fischotter weichen auf sie aus, wenn Fische rar sind. Eine wachsende Bedeutung von Amphibien für ihre Ernährung wird denn auch in Gewässern mit rückläufigen Fischbeständen beobachtet (Krawczyk et al. 2016).

5

5 Speisezettel des Fischotters: Nebst Fischen werden auch Amphibien, Vögel, Krebse, Säugetiere und Muscheln erbeutet.

6 Der Amerikanische Sumpfkrebs *(Procambarus clarkii),* eine invasive Art, zählt zu den wichtigsten Beutetieren iberischer Fischotter.

Säugetiere und Vögel

Säugetiere und Vögel machen nur wenige Prozent der Otternahrung aus. Außer in Schottland: Hier haben Säugetiere, allen voran Kaninchen, einen Anteil von bis zu 12 Prozent (Kruuk et al. 1993). Erbeutet werden sie vor allem vom späten Winter bis in den Frühling (Weber 1990b). Dabei verfolgen die Fischotter die Tiere bis in den Bau. Es kommt vor, dass sich einzelne Individuen regelrecht auf Kaninchen spezialisieren (Kruuk 2006).

Wasservögel sind besonders zu den Zugzeiten leicht zu erwischen. Sie lassen sich dann – vom langen Flug geschwächt – an einem Ufer zur Rast nieder (Reuther 1993). Auch die Jungvögel im Frühling bieten sich zum Fraß an. Zu anderen Jahreszeiten ist die Jagd auf Vögel hingegen wohl meist erfolglos. Doch die Fischotter probieren es immer wieder: Das besenderte Weibchen *Gessa* im Projekt *Lutra alpina* konnte einmal bei der Entenjagd in einem Staubecken beobachtet werden. Da es eine kleine Bugwelle vor sich herschob, waren die Enten vor ihrem Angriff jeweils rechtzeitig gewarnt. Sie flogen dann von einer Seite des Beckens zur anderen und erwarteten dort die nächste Attacke. Gut möglich, dass sich *Gessa* dabei amüsierte – aber eine per Zufall erbeutete Ente hätte sie sicher genüsslich verspeist.

Krebse und Krabben

Eher selten fressen Fischotter Krebstiere – und im Meer – Seeigel (Heggberget et al. 1994). Mit ihren schmalen Prämolaren können sie viel besser Fleisch zerbeißen als starke Chitinpanzer zerbrechen. Das Handling von Schalentieren vor dem Verzehr dauert deshalb relativ lange. Und deren Fleischanteil – und somit der Energiegehalt – ist gering. In Regionen, wo die Fischbestände im Meer einbrechen, sind die Fischotter indessen gezwungen, auf Schalentiere auszuweichen. Man geht jedoch davon aus, dass sich ein Wechsel auf diese insgesamt energieärmere Nahrung negativ auf den Bestand auswirkt (Heggberget et al. 1994).

Eine wichtige Nahrungsquelle sind neuerdings Krebse in der Mittelmeerregion. Hier haben sie regional einen höheren Anteil an der Otternahrung als Amphibien (Lanszki et al. 2016). Besonders der Rote Amerikanische Sumpfkrebs *(Procambarus clarkii)* scheint den Fischottern zu schmecken. Er stammt aus den USA und gelangte 1973 durch Aussetzungen nach Spanien. Auch

6

7 Fischotter sind wendige Jäger und greifen die Fische aus deren toten Winkel an.

anderswo in Europa fanden einzelne Individuen der Art, die gerne in Aquarien gehalten wird, den Weg in die freie Wildbahn. Heute ist der Krebs in Westeuropa weit verbreitet, namentlich in Spanien, Südfrankreich und Norditalien. 1995 erfolgte der erste Nachweis in der Schweiz, 2005 in Österreich und 2014 in Deutschland. Die Bestände nehmen überall zu.

Willkommen ist der Rote Amerikanische Sumpfkrebs bei uns nicht. Er gilt als invasive, gebietsfremde Art, die einheimischen Krebsen den Lebensraum streitig macht. Außerdem ist er Überträger der Krebspest. Deren Erreger – ein Pilz – stammt ebenfalls aus Amerika, wo er ein unauffälliges Dasein fristet: Die dort ansässigen Krebse werden von ihm zwar befallen, erkranken aber nicht. Anders die europäischen Arten. Für sie ist die Seuche tödlich.

In Iberien wurde der exotische Krebs, der rund 12 Zentimeter groß werden kann, innerhalb kürzester Zeit zu einer wichtigen Otterbeute (Beja 1996c). Noch um 1980 ernährte sich der Fischotter hier bevorzugt von einheimischen Tierarten, 2010 machte der Rote Amerikanische Sumpfkrebs schon einen Anteil von 20–50 Prozent an seiner Nahrung aus (Barrientos et al. 2014).

In England wird eine andere invasive Krebsart, der Signalkrebs *(Pacifastacus leniusculus)*, vom Fischotter erbeutet. Tatsächlich kann man anhand der Losungsanalysen derzeit verfolgen, wo und wie sich diese Art hier ausbreitet. Es wird spekuliert, dass der Fischotter sie unter Kontrolle halten könnte (Britton et al. 2017). Dies wäre ein wahrhaft guter Dienst an der Natur.

Regionale Ernährungsgewohnheiten

Das Beutespektrum variiert je nach Standort und Lebensraum stark (Krawczyk et al. 2016). Generell bilden Fische überall da die Hauptnahrung, wo sie verfügbar und die Lebensräume stabil sind. Anders in Habitaten, die starke saisonale Schwankungen aufweisen (Ruiz-Olmo & Jiménez 2009). So ist das Ottermenü im Mittelmeerraum ungleich vielfältiger als in nördlicheren Regionen Europas. Denn im Süden verändert sich der Lebensraum für den Fischotter und seine Beute im Verlauf des Jahres spürbar: Die Trockenperioden im Sommer lassen die Wasserstände fallen, im Herbst und Frühling verursachen starke Niederschläge Hochwasser. Diese Schwankungen wirken sich auf die Fischbestände aus. Sind die Wasserstände tief, ernähren sich Fischotter zu einem bedeutenden Teil von Krebsen, Amphibien und Insekten (Ruiz-Olmo & Palazón 1997; Clavero et al. 2003; Remonti et al. 2008a).

Fischjagd

Fischotter sind geschickte Jäger. Auf der Fischjagd in Fließgewässern bewegen sie sich langsam bachaufwärts und klappern die – ihm vermutlich bestens bekannten – Fischeinstände ab. Sie wissen, dass unter überhängenden Gebüschen wesentlich mehr Fische schwimmen als an Ufern mit kurz gehaltener Vegetation. Deshalb suchen sie ihre Beute denn auch bevorzugt entlang üppig bewachsener Ufer.

Höhlen und Löcher werden systematisch kontrolliert. Auch können die Fischotter Steine umdrehen, um so versteckte Fische oder Krebse aufzuspüren. In großen Fließgewässern beschränkt sich das Jagdhabitat auf den linken und rechten Uferstreifen.

In Teichen, Seen und großen Staubecken jagen Fischotter gerne entlang der Ufer, doch tauchen sie auch in tiefere Bereiche. Dort greifen sie die Beute von hinten unten an; d. h. aus dem toten Winkel. Sie müssen den Überraschungseffekt ausnutzen, denn auf lange Verfolgungsjagden können sie sich nicht einlassen. Zwar ermüden auch Forellen schnell. Sie bis zur Erschöpfung zu verfolgen, wäre deshalb im offenen Gewässer eine durchaus erfolgversprechende Jagdtechnik (Chanin 2013). Doch im Gegensatz zum Fisch muss der Jäger etwa alle 30 Sekunden auftauchen, um nach Luft zu schnappen (Mason & Macdonald 1986). Es ist deshalb nicht sehr erstaunlich, dass bei Verfolgungsjagden der Misserfolg der Normalfall ist.

7

8 Bei Kälte brauchen die Tiere mehr Nahrung: Einfluss von Umgebungstemperatur und Futtermenge auf das Gewicht von zwei Fischottern im Zoo Zürich.

Die Beute wird in der Regel mit dem Maul gepackt, seltener auch mit den Pfoten. Kleine Fische fressen die Fischotter umgehend im Wasser, größere Exemplare werden an Land verzehrt. Auch Krebse bringen sie ans Trockene und knacken sie da auf. Gefressen werden nur Thorax und Schwanz, da sie den höchsten Fleischanteil aufweisen.

Eine Jagdsequenz dauert zwischen 40 Minuten und fast zwei Stunden. Insgesamt jagen Fischotter in Fließgewässern etwa 5 Stunden pro Tag, entlang der Küste sind es weniger als 3½ Stunden (Kruuk 1995). Während Tiere in Fließgewässern auf der Pirsch recht weite Strecken zurücklegen, kann sich das Jagdgebiet in Stillgewässern oder an der Küste auf einen kleinen Ausschnitt von wenigen Dutzend Metern beschränken (Mason & Macdonald 1986).

Ein Fischotter muss wissen, wo und wann welche Fische mit Aussicht auf Erfolg bejagt werden können. Viele Fischarten besetzen eine Art Territorium oder haben starke Vorlieben für gewisse Lebensräume. Werden sie erbeutet, lohnt es sich nicht, es hier gleich wieder zu versuchen. An der fraglichen Stelle im Gewässer muss sich zuerst wieder ein Fisch niederlassen. Das kann aber schnell gehen. Forschungen an territorialen Fischen zeigten, dass die guten Einstände nach dem Verschwinden des residenten Tiers meistens innerhalb von 24 Stunden wieder besetzt werden (Kruuk et al. 1988).

Hoher Energiebedarf

Fischotter haben einen hohen Nahrungsbedarf. Schon wenn sie ruhen, ist ihr Stoffwechsel 38 bis 48 Prozent höher als bei landlebenden Tieren vergleichbarer Größe. Im Wasser verbrauchen sie hingegen noch ungleich mehr; der Stoffwechsel kann dann fast fünfmal höher sein als bei gleichgroßen Tieren an Land (Kruuk 2006). Entsprechend ist ihr Appetit: Bei Gehegeottern wurde ein täglicher Fischverzehr von durchschnittlich 12,6 Prozent des Körpergewichts gemessen (Kruuk et al. 1993). Bei Jungtieren waren es etwa 15 Prozent. In der freien Wildbahn ist das Leben anstrengender als im Zoo, entsprechend mehr muss ein Fischotter fressen. Hans Kruuk hält einen täglichen Nahrungsbedarf von 15 Prozent des Körpergewichts auch für erwachsene Tiere für eine vorsichtige Schätzung. Bei einem 9 Kilogramm schweren Männchen entspricht dies 1,4 Kilogramm, bei einem 6 Kilogramm leichten Weibchen 900 Gramm Fisch pro Tag (Kruuk 1995).

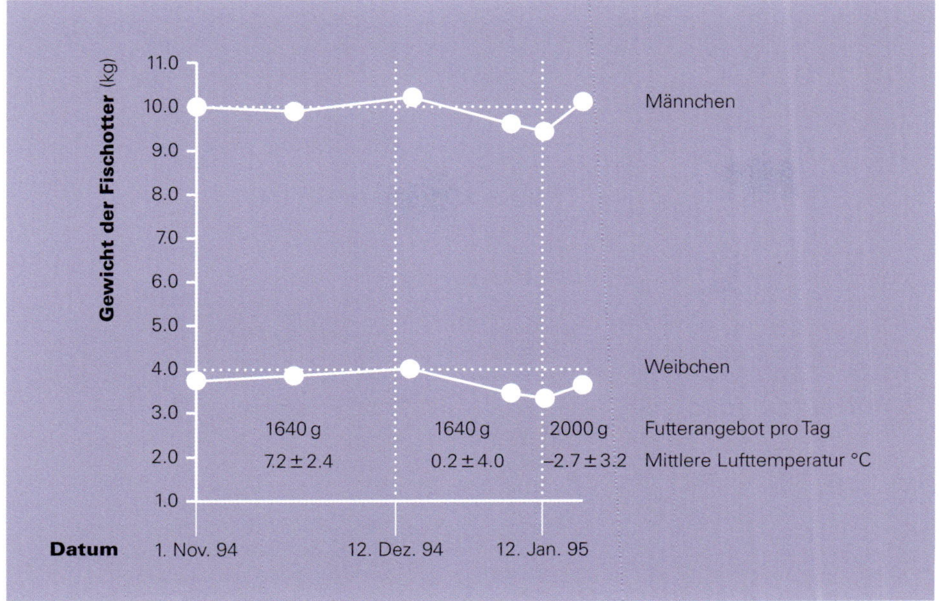

8

Winterlicher Hunger

Die benötigte Nahrungsmenge hängt auch von der Jahreszeit ab. Im Winter ist der Bedarf erhöht. Die Tiere verbrauchen jetzt mehr Energie, um sich warm zu halten, als für die Fortbewegung (Kruuk et al. 1994). Im Zürcher Zoo machte man 1994/1995 einen aufschlussreichen Fütterungsversuch mit zwei Fischottern, einem Männchen und einem Weibchen. Das Männchen wog anfänglich 10, das Weibchen 4 Kilogramm. Das Experiment begann Anfang November. Die Tiere wurden täglich dreimal gefüttert und erhielten dabei insgesamt 1640 Gramm Nahrung – rohes Fleisch, lebende Forellen und tote Küken. Anfänglich war das Wetter mild, die Umgebungstemperatur belief sich auf durchschnittlich 7,2 °C. Die beiden Tiere fraßen das Fleisch und den Fisch vollständig, die toten Küken nur zum Teil. Offenbar kriegten sie genug, ihr Körpergewicht nahm sogar leicht zu.

Am 12. Dezember erfolgte ein Kälteeinbruch, die Durchschnittstemperatur fiel auf 0,2 °C. Die tägliche Futterration wurde jedoch nicht erhöht. Die Tiere fraßen nun hastiger, sie verschmähten auch die toten Küken nicht mehr. Dennoch nahmen sie ab. Am 12. Januar wog das Männchen noch 9,4 Kilogramm, das Weibchen war auf 3,4 Kilogramm abgemagert. Das Thermometer zeigte –2,7 C. Danach wollte man die Tiere nicht mehr länger darben lassen. Sie bekamen fortan 2 Kilogramm Futter täglich. Damit war der winterliche Energiebedarf gedeckt. Innerhalb einer Woche hatte das Männchen wieder das Ausgangsgewicht erreicht und das Weibchen auf 3,7 Kilogramm zugelegt (Schmid 2005).

9

Prekäres Energiegleichgewicht

Fischotter leben dauernd in einem prekären Energiegleichgewicht auf hohem Niveau: Sie brauchen viel Nahrung, müssen aber auch viel investieren, um an das benötigte Futter zu gelangen. Denn die Jagd ist für sie überaus energieaufwendig. Liegt der Ertrag nur geringfügig über dem Aufwand, kommen sie über die Runden. Der gegenteilige Fall ist hingegen rasch tödlich.

Das zwingt die Tiere dazu, effizient zu jagen. Die Beute muss in nützlicher Frist erlegt werden. Sonst wird die Jagd leicht zum Verlustgeschäft. Hans Kruuk schätzt, dass Fischotter gut leben können, wenn sie in der Lage sind, 200 Gramm Fisch pro Stunde zu erbeuten.

Weniger Fisch, keine Otter

In Zeiten mit wenig Fisch sind die Fischotter in körperlich schlechterem Zustand (Ruiz-Olmo et al. 2001). Die Sterblichkeit ist dann stark erhöht. In Schottland wurden 42 Prozent der Tiere, die eines natürlichen Todes gestorben waren, im April gefunden. Just im Frühjahr sind die Fischbestände niedrig, und die Fischotter weichen auf alternative Beute aus, die energetisch weniger hergibt (Kruuk et al. 1993).

Maßgebend für das Wohl des Fischotters ist indessen nicht der Beutebestand, sondern die Beuteverfügbarkeit. Fische, die sich in guten Verstecken aufhalten, sind auch für wendige Jäger außer Reichweite. Fischotter halten sich daher an die Tiere, die mit weniger günstigen Einständen Vorlieb nehmen müssen – weil die besten schon besetzt sind. Angenommen, 50 Prozent eines Bestandes sind vor dem Fischotter einigermaßen sicher. Dann bleibt ihm als potenzielle Beute die andere Hälfte. Sinkt nun der Bestand um ein Viertel, werden die gut geschützten Einstände immer noch vollständig belegt. Die Zahl der für Fischotter verfügbaren Fische sinkt dann bereits um die Hälfte. Wo die Fischbestände schon niedrig sind, sind zusätzliche Abnahmen sehr schnell fatal für den Fischotter.

Bei anhaltender Nahrungsknappheit sinkt die Fortpflanzungsrate (Ruiz-Olmo et al. 2001). Als Folge davon schrumpft die Population. So wie auf den Shetland Islands: In den Jahren 2003 bis 2009 verminderte sich hier der Fischotterbestand um die Hälfte. Der Bestandsschwund wird auf einen Rückgang der Fischpopulationen zurückgeführt. Die Annahme wird gestützt durch Beobachtungen, die zeigten, dass die Fischotter vermehrt auf Krebse als Beute auswichen – ein nicht ausreichender Ersatz angesichts deren geringer Nährwerte.

Im Extremfall kann ein Rückgang der Fischbestände eine Otterpopulation zum Verschwinden bringen. So geschehen in den Dinnet Lochs in Schottland. Die hier ansässigen Fischotter standen seit den 1980er-Jahren unter wissenschaftlicher Beobachtung. Es ging ihnen lange Zeit bestens. Bis zu acht Tiere zählte der Bestand, jährlich gab es ein bis zwei Würfe. Die Tiere ernährten sich größtenteils von Aalen. Zu Beginn der 1990er-Jahre lag der Jagderfolg bei geschätzten 890 Gramm pro Stunde. Die Dinnet Lochs waren für die Fischotter das Schlaraffenland. Dann brachen – wie vielerorts in Europa (siehe auch Seite 183 f) – die Aalbestände ein. 1997 betrug der Jagderfolg noch 111 Gramm pro Stunde. Das war zu wenig: Ab 1995 blieb der Nachwuchs aus (Kruuk 2006).

9 Um gut durch den kalten Winter zu kommen, braucht ein Fischotter genügend Nahrung und ein isolierendes Fell.

Nesthocker

Junge Fischotter werden spät selbstständig. Die Lebensweise als Fischjäger erfordert eine lange Lehrzeit.

Das Leben beginnt im Verborgenen: In einem gut geschützten, mit Gras und Blättern ausgepolsterten Wurfbau (siehe auch Seite 118f) bringt das Weibchen nach 61 bis 63 Tagen Tragzeit ihre Jungen zur Welt. Sie gleichen silbergrauen Würmchen, sind – samt Schwanz – bloß 18 Zentimeter groß und knapp 100 Gramm schwer (Melissen 2000). Fiepend machen sie sich auf die Suche nach einer Zitze. Die ersten Wochen verbringen die kleinen Fischotter in Dunkelheit: Die Augen werden sie erst im Alter von vier bis fünf Wochen öffnen.

1

Die Wurfgröße reicht von einem bis zu fünf Tieren, meist sind es zwei oder drei. In seltenen Fällen sind darunter auch eineiige Zwillinge (Hauer et al. 2002a).

Fischottermütter sind alleinerziehend, die Männchen beteiligen sich nicht an der Aufzucht. In den ersten Lebenswochen der kleinen Fischotter bleibt das Weibchen die meiste Zeit im Bau. Nach draußen geht es bloß für kurze Beutegänge. Doch schon ab der dritten Woche nach der Geburt nimmt es seinen üblichen Tagesablauf weitgehend wieder auf und ist nun wieder länger und im ganzen Streifgebiet unterwegs (Durbin 1996a).

Vorhergehende Doppelseite:
Die Bindung zwischen Muttertier und Nachwuchs ist eng und hält über 10 Monate lang an.

1 Ab einem Alter von rund 2 Monaten begleiten die Jungotter ihre Mutter auf der Jagd.

2 Im Alpenzoo Innsbruck gelang es 1978 erstmals, Fischotter in Gefangenschaft zu züchten. Das Bild zeigt ein neugeborenes Otterbaby.

3 Jungtiere desselben Wurfs drei Tage nach der Geburt.

2

3

4 Lernen von der Mutter: Mit eingetauchtem Kopf beobachtet dieser Jungotter von der Wasseroberfläche aus die Tauchgänge des Muttertiers.

Nahrhafte Ottermilch

Die Welpen wachsen rasch. Bereits nach 5 Wochen wiegen sie um die 800 Gramm bei etwa 45 Zentimetern Länge. Das ist der überaus nahrhaften Muttermilch zuzuschreiben, deren Fettgehalt 24 Prozent beträgt (Estes 1989). Die Jungtiere werden noch lange gesäugt: Erst im sechsten oder manchmal gar achten Lebensmonat endet die Säugezeit.

Bereits ab der siebten Woche gibt es aber zusätzlich feste Nahrung (Mason & Macdonald 1986). Damit beginnt für die Mutter die stressigste Zeit. Sie muss jetzt besonders viel jagen: Einerseits für sich selbst, damit sie genug Milch produziert für die schon recht großen und entsprechend hungrigen Jungen; andererseits verzehrt der Nachwuchs nun auch zunehmend Fisch (Oftedal & Gittleman 1989). Es ist zweifellos von Vorteil, wenn Beute jetzt zahlreich und leicht zu erwischen ist.

Das ganze Jahr fortpflanzungsfähig

Das Nahrungsangebot ist nicht überall zur gleichen Jahreszeit am höchsten. Regional sind die Wurfzeiten deshalb so terminiert, dass die energieaufwendigste Phase der Jungenaufzucht in die Saison der höchsten Nahrungsverfügbarkeit fällt. Dies ist jedoch nur möglich, weil der Fischotter in Bezug auf die Fortpflanzungszeit sehr flexibel ist: Weibchen können grundsätzlich zu jeder Jahreszeit Junge gebären. Auf den Shetland Islands kommen die Jungen vorwiegend zwischen Mai und September zur Welt (Kruuk et al. 1991). Dann ist das Fischangebot im Küstenbereich des Meeres zehnmal höher als im Winter (Kruuk 1995). An den Binnengewässern Schwedens gibt es hingegen mehrheitlich im Frühling Nachwuchs, wenn die gefrorenen Seen eisfrei geworden sind (Erlinge 1967). Auch kleinräumig wird die Wurfzeit zuweilen dem saisonal schwankenden Nahrungsangebot angepasst. In Portugal werfen die Otterweibchen an der Küste meist zwischen Oktober und Dezember. Hier fressen sie bevorzugt Lippfische der Art *Symphodus melops,* die im Spätwinter sehr häufig sind. An den Flüssen werden die Jungen hingegen vorwiegend zwischen Januar und März geboren. Da ernähren sich die Fischotter hauptsächlich von Aalen, die erst in 10 °C warmen Wasser aktiv werden und daher in den Sommermonaten häufiger anzutreffen sind (Beja 1996a).

4

Wo es keine fette und keine magere Saison gibt oder das Nahrungsangebot zeitlich unvorhersehbar ist, macht es keinen Sinn, den Wurfzeitpunkt gezielt zu terminieren. Folgerichtig verteilen sich in solchen Gebieten die Geburten oft über das ganze Jahr (Heggberget 1993). Dies ist anscheinend auch im Alpenraum der Fall. Bei der Studie *Lutra alpina* (siehe Seite 209) wurden fünf Geburten nachgewiesen. Drei davon erfolgten im Frühjahr, je eine im Sommer und im Spätherbst. Ein Weibchen gebar sowohl im Frühling wie auch im Sommer. Auch bei einer Studie an Binnengewässern Schottlands fand sich keine Saisonalität bei den Wurfzeiten: Jungtiere wurden zu allen Jahreszeiten festgestellt (Green et al. 1984).

Anfängliche Wasserscheu

Im Alter von rund 2 Monaten verlassen die Jungen zum ersten Mal den Bau (Mason & Macdonald 1986). Nun beginnt der Schwimmunterricht. Erstaunlicherweise müssen die Jungtiere dazu manchmal zuerst eine erkennbare Wasserscheu überwinden. Das Weibchen packt sie dann am Nacken und taucht sie mit sanfter Gewalt unter (Reuther 1993). Andere Jungtiere folgen hingegen ihrer Mutter ohne Aufhebens ins Wasser (Chanin 2013). Allen gemeinsam ist, dass sie sich bald sichtlich wohlfühlen im nassen Element.

Das flauschige Fell und möglicherweise auch der Babyspeck verleihen den jungen Fischottern starken Auftrieb im Wasser (Kruuk 2006). Sie gleichen in der ersten Zeit kleinen Bojen und bewegen sich ungeschickt. Bis aus ihnen flinke Schwimmer geworden sind, wird es noch eine Weile dauern.

5

Fischen will gelernt sein

Schon bald begleiten die Jungen die Mutter auf die Jagd (Kruuk et al. 1991). Im Alter von 4 bis 5 Monaten beginnen sie, selbst Beute zu machen (Watt 1993). Dabei lernen sie von ihrer Mutter. An der Meeresküste wurden wiederholt Jungotter beobachtet, die synchron mit dem führenden Weibchen tauchten oder von der Oberfläche aus mit dem Kopf unter Wasser deren Tauchgänge beobachteten (Kruuk 2006). Dieses Verhalten zeigen Jungtiere auch in Gefangenschaft (Polotti et al. 1995).

Zuweilen erteilen Fischottermütter regelrecht Unterricht. Hans Kruuk konnte mitverfolgen, wie ein Weibchen einen lebenden Fisch zu ihrem Nachwuchs brachte, der an Land wartete. Dort angekommen, ließ sie den Fisch in einen kleinen Tümpel fallen, direkt vor der Nase ihres Jungen. Dessen nicht sehr erfolgreiche erste Versuche, die Beute zu erhaschen, unterstützte die Mutter, in dem sie den Fisch immer wieder fing und dem Jungen zum Üben anbot (Kruuk 1995).

Wenn die jungen Fischotter 8 bis 9 Monate alt sind, schaffen sie es, genügend Nahrung für sich selbst zu erbeuten (Carss 1995). Auch dann ist die Lernzeit aber noch nicht zu Ende: Erst im zweiten Lebensjahr sind Fischotter ebenso erfolgreiche und effiziente Jägerinnen und Jäger wie ihre Mütter (Watt 1993). Ein Grund für die laufend verbesserte Performance ist wohl auch die zunehmende Dauer der Tauchgänge. Jungtiere sind nur zu sehr kurzen Tauchgängen fähig.

Das Beutespektrum verändert sich im Laufe der Entwicklung. Jon Watt untersuchte die Ernährungsgewohnheiten an der schottischen Meeresküste. Während Jungtiere noch 32 Prozent Krabben erbeuteten, waren es bei frisch unabhängigen Fischottern nur noch 15 und bei adulten 3 Prozent (Watt 1993). Krebse haben einen niedrigen Energiewert und müssen vor dem Verzehr noch umständlich bearbeitet werden. Sie sind deshalb wohl auch für die Jungen Beute zweiter Wahl. Doch sie sind leichter zu erwischen als die nahrhafteren Fische, deren Fang erst erlernt werden muss.

5 Schwimmunterricht: Das flauschige Fell und der Babyspeck verleihen den jungen Fischottern Auftrieb im Wasser.

6 Von einem Männchen verletztes Jungtier: Infantizid kommt bei Fischottern möglicherweise vor, ist aber sicher sehr selten.

Ende der Kindheit

Im Alter von 9 bis 13 Monaten werden Fischotter unabhängig und verlassen das mütterliche Territorium (Kruuk et al. 1991). Die Kindheit dauert damit deutlich länger als bei anderen Raubtieren gleicher Größe. Junge Füchse und Dachse beispielsweise sind bereits mit 4 Monaten selbstständig. Offenbar erfordert die Ernährungsweise als Fischjäger eine besonders lange Lehrzeit.

Die subadulten Fischotter müssen nun ein eigenes Territorium finden. Das ist nicht ungefährlich. In etablierten Populationen sind die meisten guten Gebiete besetzt. Allenthalben riskieren die jungen Wanderer Auseinandersetzungen mit residenten Tieren, die ihnen körperlich überlegen sind (siehe Seite 130 f).

6

Während sich die weiblichen Tiere eher in der Nähe des Geburtsterritoriums niederlassen, zieht es junge Männchen in die Ferne. Ein Männchen, das als Jungtier markiert worden war, wurde im Alter von 12 Monaten 68 Kilometer Luftlinie vom Markierungsort entfernt nachgewiesen (Jenkins 1980).

Hohe Sterblichkeit

Die Sterblichkeit der Jungtiere ist sehr hoch. Schätzungsweise 30 Prozent der Welpen verenden, noch bevor sie erstmals die Wurfhöhle verlassen (Heggberget & Christensen 1994; Hauer et al. 2002a). Zu dieser Zeit sind im Durchschnitt pro Wurf noch 2 Jungtiere übrig (Erlinge 1968b; Ansorge et al. 1997; Chanin 2013). In den folgenden 10 Monaten werden weitere 18 bis 25 Prozent sterben (Ruiz-Olmo et al. 2011). Interessant ist die wiederholte Beobachtung von Hans Kruuk, dass ein Muttertier ihre Jungen wenige Tage nach dem Verlassen des Wurfbaus zurücklässt und davonzieht – vermutlich aufgrund von Nahrungsmangel (Kruuk 2006).

Es scheint, als wäre die Jungensterblichkeit bei Fischottern, die an der Meeresküste leben, besonders hoch. In Küstengebieten werden weniger Jungtiere pro Weibchen beobachtet als entlang von Fließgewässern und Seen (Heggberget & Christensen 1994; Beja 1996a; Hauer et al. 2002a), obwohl nichts dafür spricht, dass die Wurfgrößen an der Küste kleiner sind. Man nimmt an, dass die erhöhte Mortalität der Jungtiere im Bau mit den zusätzlichen Energiekosten der Mutter für die Thermoregulation zu tun hat (Kruuk & Balharry 1990; Beja 1996a). Im Salzwasser ist dieser Posten im Energiebudget der Fischotter höher als im Süßwasser, dementsprechend weniger Energie kann ein Weibchen in ihren Nachwuchs investieren.

Infantizid

Infantizid – die Tötung von Jungtieren durch Erwachsene – ist in der Tierwelt ein überraschend häufiges Phänomen. Das vielleicht bekannteste Beispiel bilden die Löwen. Löwen leben in Rudeln, die mehrheitlich aus Weibchen und deren Nachkommen bestehen und von einigen ausgewachsenen

Männchen verteidigt werden. Die jungen Männchen werden aus dem Rudel vertrieben, wenn sie die Geschlechtsreife erreicht haben. Damit sie sich fortpflanzen können, müssen sie in einem anderen Rudel die adulten männlichen Tiere im Kampf besiegen und vertreiben. Gelingt ihnen das, töten sie auch den Rudelnachwuchs. Denn säugende Löwinnen sind nicht paarungsbereit, werden dies aber nach dem Tod der Jungtiere nach kurzer Zeit wieder. Das neue dominante Männchen kann so rasch eigenen Nachwuchs zeugen und seine Gene verbreiten. Viel Zeit bleibt ihm dafür nicht: Im Durchschnitt wechseln die dominanten Männchen eines Rudels alle zwei bis drei Jahre.

Kommt Infantizid auch beim Fischotter vor? Experten sind sich nicht einig. Direkte Beobachtungen dazu gibt es in der freien Wildbahn nicht. Nur einmal wurden Überreste von Jungtieren im Magen eines Männchens gefunden (Simpson 2000). Es gibt aber Hinweise dafür, dass führende Weibchen in Männchen eine Bedrohung für ihren Wurf sehen. In Gefangenschaft können sie sich ihren Partnern gegenüber in der ersten Zeit nach der Geburt der Jungen oft überaus aggressiv verhalten. Und wilde Weibchen benehmen sich in der Nähe des Wurfbaus äußerst vorsichtig, um dessen Lage nicht zu verraten. Sie unterlassen es auch, zu markieren, was sie sonst häufig und überall tun (siehe auch Seite 132 ff).

Andererseits gibt es mehrere Studien, die von einem entspannten Verhältnis zwischen Ottermüttern und Männchen zeugen. So zeigte sich bei einer telemetrischen Studie (siehe Seite 98 f) in Portugal, dass Mutterfamilien zusammen mit einem erwachsenen Männchen in einem Versteck ruhen können, ohne dass dem Wurf etwas geschieht. Noch verwunderlicher sind die genetischen Befunde: Die Männchen, die mit den Jungtieren friedlich den Tag verdämmerten, waren nicht immer deren Väter (Quaglietta et al. 2014). Auch in England wurden schon wildlebende Fischottermännchen beobachtet, die junge Familien besuchten. Weder zeigte das Weibchen aggressives Verhalten, noch tat das Männchen den Jungen etwas zuleide (Chanin 2013). Die zurückhaltende Markierungstätigkeit der Weibchen in den ersten Lebensmonaten der Jungtiere könnte denn auch eher eine allgemeine Sicherheitsmaßnahme zum Schutz der Jungtiere vor Raubfeinden sein, als zur Vermeidung von Infantizid.

7 Um Weibchen zu besuchen, nehmen Männchen einige Strapazen auf sich. Die rot punktierte Linie zeigt den Weg des Fischotters Dan in der Steiermark zu einer benachbarten Otterin. Dan absolvierte die Strecke, bei der er 400 Höhenmeter überwinden musste, zuweilen in einer Nacht hin und zurück. Manchmal übernachtete er aber auch unterwegs.

Stürmische Paarung

Fischotter werden im Alter von 2 Jahren geschlechtsreif (Hauer et al. 2002a). Doch auch diesbezüglich gibt es individuelle und regionale Unterschiede. Während sich in Schottland die Mehrheit der Weibchen in diesem Alter fortpflanzt, sind es in Deutschland nicht einmal 10 Prozent (Hauer et al. 2002a). Man geht davon aus, dass die Weibchen eine Grundkondition erreichen müssen, um trächtig zu werden (Hauer et al. 2002a). Möglicherweise sind sie erst ab einem Gewicht von über 4 Kilogramm in der Lage, erfolgreich Junge aufzuziehen. Auch bei den geschlechtsreifen Männchen kommen längst nicht alle Individuen zur Fortpflanzung. Eine Studie in den Niederlanden ergab, dass nur knapp jedes Dritte überhaupt Nachwuchs zeugt (Koelewijn et al. 2010).

Eine Paarung im Freiland zu beobachten, ist selbst für Biologinnen und Biologen, die mit dem Fischotter quasi per Du sind, eine seltene Glückssache. Hans Kruuk gelang das an der Meeresküste fünfmal. In Fließgewässern sind direkte Beobachtungen von Paarungen aufgrund der nächtlichen Aktivität der Tiere noch seltener.

Bevor es zur Kopulation kommt, verbringen die Partner zuweilen mehrere Tage miteinander. Es wird spekuliert, dass erst dadurch der Eisprung eintritt (Reuther 1993). Im Projekt *Lutra alpina* in der Steiermark konnten die Forscherinnen diese Flittertage miterleben, als das besenderte Weibchen *Baukje* von einem ihnen unbekannten Männchen besucht wurde. Die zwei Fischotter tollten über mehrere Nächte miteinander herum. Dabei veranstalteten sie wilde Hetzjagden an Land und im Wasser. Auch schnatterten, pfiffen und miauten sie laut. Nach sieben Tagen war der Männerbesuch vorbei – und knappe zwei Monate später konnte das Forscherteam Nachwuchs feststellen.

Bei der Kopulation hält das Männchen seine Partnerin mit einem Biss am Nacken fest und umfasst es mit den Vorderpfoten. Doch scheint es nicht so rau zuzugehen wie beim Seeotter, wo das Weibchen teilweise massive Verletzungen durch den «Love bite» erleidet (Riedman & Estes, 1990). Weder konnten bei den Paarungen von wildlebenden Fischottern an der Küste schwerwiegende Bisse beobachtet werden, noch fand man bei Untersuchungen toter Weibchen besondere Verletzungen in der Nackengegend.

Das Weibchen hat die Wahl

Sowohl Männchen wie auch Weibchen sind polygam (Kruuk 1995). Dabei sind die Weibchen durchaus wählerisch. Das zeigte sich in der *Lutra alpina*-Studie bei den zwei benachbarten Otterinnen *Alena* und *Baukje*. Beide wurden sehr unregelmäßig und in mehrmonatigen Abständen von *Dan,* einem ebenfalls besenderten männlichen Fischotter, aufgesucht. *Dan* lebte auf der anderen Seite eines Bergkamms. Für den Weibchenbesuch musste er 400 Höhenmeter überwinden und quer durch einen Wald marschieren. Doch *Alena* und *Baukje* zeigten sich ihm gegenüber desinteressiert, wenn nicht gar aktiv abgeneigt. Sie hielten sich in den Nächten, in denen *Dan* ihre Streifgebiete aufsuchte, oftmals weitab von ihm auf. Meistens zog er noch in derselben Nacht zurück in sein Territorium oder fand einen Unterschlupf auf dem Rückweg. Zuweilen blieb er etwas länger und verschlief den Tag in einem Tagesversteck von *Baukje* – alleine.

Verglichen mit anderen Raubtierarten ähnlicher Größe pflanzen sich Fischotter langsam fort. Füchse sind schon im Alter von neun Monaten geschlechtsreif, Dachse im zweiten Lebensjahr. Auch die Wurfgröße ist bei Fischottern niedriger. Der Fischotter kann deshalb eine erhöhte Todesrate schlecht kompensieren. Darum reagiert er empfindlich auf Verluste, die von der Natur nicht vorgesehen sind, wie zum Beispiel durch direkte Verfolgung oder den Autoverkehr (siehe auch Seite 148).

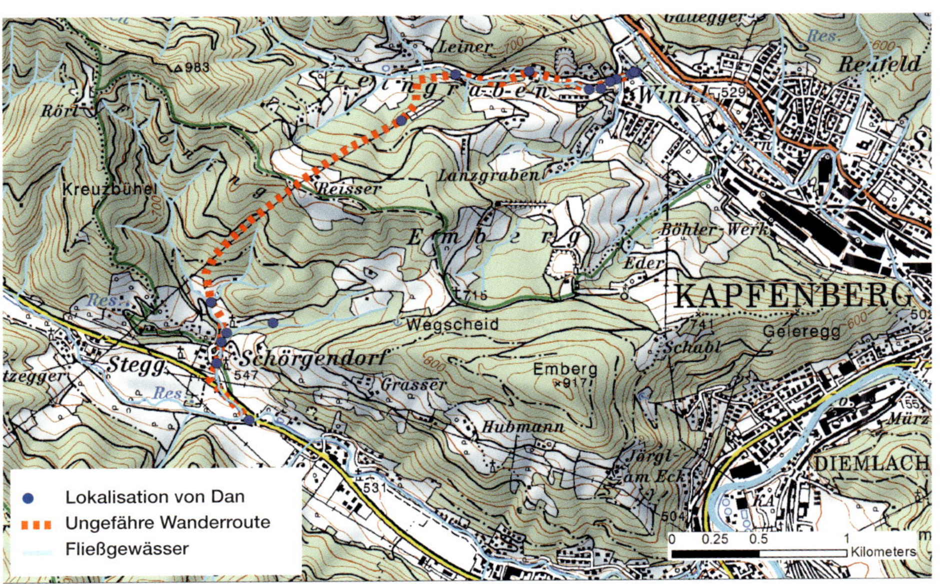

7

Eine Nacht im Mai

Einen Einblick in die Partnerwahl der Fischotterweibchen gibt das Protokoll einer *Lutra alpina*-Projektnacht im Jahr 2012: «Es ist eine kühle Nacht im Mai, ich suche das Männchen *Dan*. Wieder einmal scheint es sich in Luft aufgelöst zu haben. In seinem Territorium, das sich über einen Bachlauf von mehr als 30 Kilometern Länge erstreckt, ist es nicht anzutreffen. Schon zwei Tage vorher war es tagsüber unauffindbar. Ob es wieder einmal bei den beiden Weibchen im Nebental sein Glück versucht?

Bevor ich zu diesen zwei Tieren fahre, suche ich das Männchen *Hans*. Es lebt in der Mürz, einem Fluss, in den der Bach von *Dan* mündet. Im Bereich der Bachmündung gehört die Mürz jedoch nur marginal zu *Hans'* Territorium.

8

Dessen Grenze befindet sich einige Kilometer weiter flussaufwärts. Nichtsdestotrotz scheint *Dan* den Fluss gänzlich zu meiden – auch dann, wenn es ihm nach den Weibchen im Nebental gelüstet, die er ungleich leichter über die Mürz erreichen könnte. Jedenfalls habe ich ihn hier noch nie gepeilt. Vielleicht rührt diese Hemmung daher, dass Hans ein stattliches Männchen mit einem imposanten Gewicht von 10 Kilogramm ist. Im Vergleich zu ihm wirkt der 7 Kilogramm schwere *Dan* geradezu feingliedrig.

Doch in dieser Nacht erwartet mich eine Überraschung: Beide Tiere sind auf einem 30 Meter langen Abschnitt unweit der Mündung in einer Restwasserstrecke anzutreffen, mitten im Siedlungsgebiet. Eigentlich brauche ich gar keine technische Ausrüstung. Die Tiere sind unglaublich laut in der ansonsten stillen Nacht. Es wird gekeckert, gemeckert und gepfiffen. Auch wenn ich in der Dunkelheit nichts sehe, realisiere ich, dass neben *Dan* und *Hans* noch mindestens ein weiteres – unbesendertes – Tier anwesend ist. Aufgrund des Verhaltens der Männchen vermute ich, dass es sich dabei um ein Weibchen handelt. Denn die beiden Männchen interessieren sich weitaus mehr für das dritte Tier als füreinander. Auch ich werde von den Tieren ignoriert.

Überrascht realisiere ich, dass sich keines der beiden Männchen offensichtlich aggressiv verhält. Gelegentlich flitzt ein Tier – *Dan*? – in der Ufervegetation umher, doch kommt es nicht zu einer offenen Konfrontation.

Am nächsten Tag finde ich *Hans* in einem unüblichen Tagesversteck unter einer Steintreppe ganz in der Nähe des nächtlichen Schauspiels. *Dan* scheint sich für diesen Tag ein noch ausgefalleneres Versteck ausgesucht zu haben: Ich finde ihn nirgends. Muss er noch Wunden lecken? Oder ist er der heimliche Gewinner einer Nacht mit dieser Otterin? Oder dauert das Techtelmechtel schon länger, nur hatten es weder *Hans* noch ich bemerkt? Ich weiß es nicht.»

So einzigartig und überraschend diese nächtliche Begegnung auch erscheinen mag: Die beteiligten Fischottermännchen haben sich nicht zufällig eines Nachts außerhalb ihrer Territorien getroffen. Etwas hat sie dahin gelockt. Tatsächlich signalisieren Weibchen ihre Paarungsbereitschaft möglicherweise über Duftstoffe im Urin oder in der Losung (Chanin 2013).

8 Vor der Paarung spielen Fischotter ausgiebig miteinander.

Kosmopolit

Er ist der Kosmopolit seiner Sippe: Der Eurasische Fischotter hat das größte Verbreitungsgebiet aller Otterarten. Und er findet sich in unterschiedlichsten Gewässern zurecht. Doch drei Grundbedingungen müssen erfüllt sein: genug Nahrung, ruhige Schlafplätze und sichere Aufzuchtsorte.

Der Eurasische Fischotter besiedelt ganz Eurasien sowie Teile Nordafrikas von der Meereshöhe bis hinauf auf 4120 m ü. M. im Himalaja (Kruuk 2006). Er ist mit allen Wassern gewaschen. Man findet ihn in den unterschiedlichsten Gewässerlebensräumen: an Meeresküsten ebenso wie an Seen und Teichen, Flüssen und Bächen jeder Größe, zügig und langsam fließenden. Aber auch Sümpfe, Moore, Reisfelder und Marsche sind ihm genehm.

Verbreitung, Populationsentwicklung und Lebensraumansprüche des Fischotters sind in Europa sehr gut erforscht. Nicht so in Asien. Hier fehlen in den meisten Regionen Zahlen zur Häufigkeit und der Bestandsentwicklung. Jagd, Zerstörung des Lebensraums und Umweltgifte machen ihm wohl vielerorts zu schaffen. Global gesehen ist der Bestand rückläufig, auch wenn er regional – wie bei uns in Europa – wieder zunimmt. Die Art ist auf der Roten Liste als potenziell gefährdet verzeichnet.

1

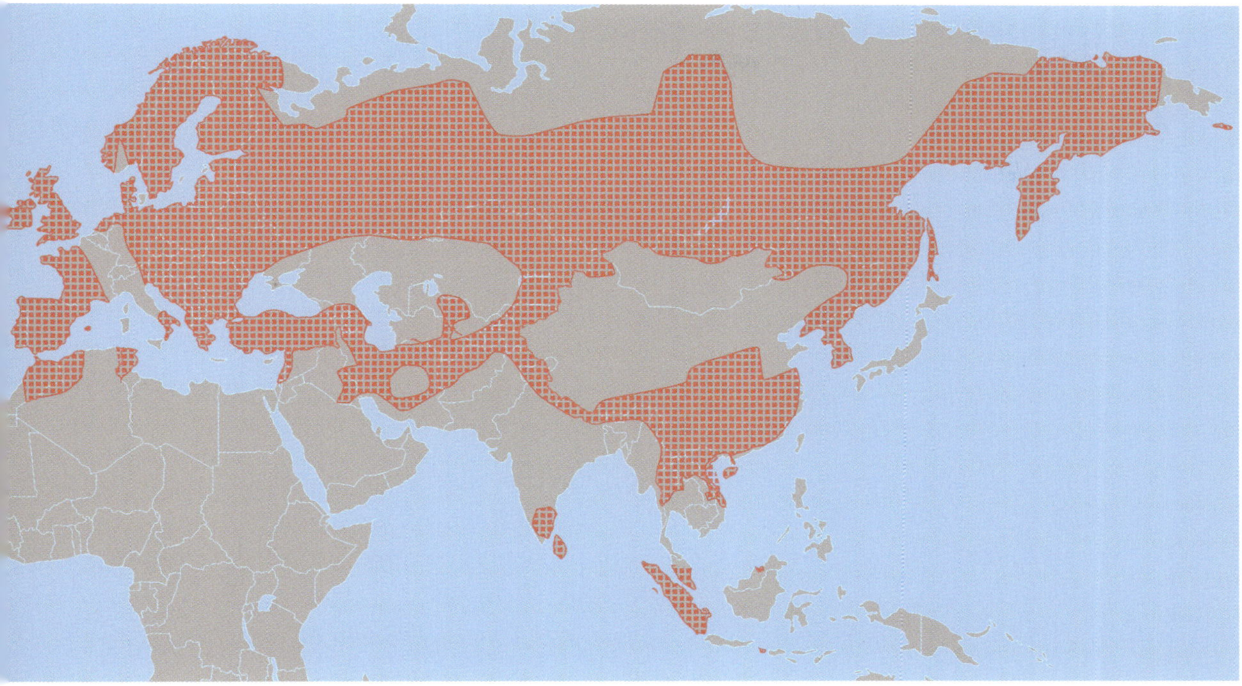

Vorhergehende Doppelseite: Fischotter in einem Sumpfgebiet in der Nähe von Colombo, Sri Lanka.

1 Wo Wasser, Nahrung und gute Verstecke vorhanden sind, fühlt sich ein Fischotter schnell zuhause.

2 Verbreitungsgebiet des Eurasischen Fischotters.

2

Zusammenleben mit Verwandten

In Europa ist der Fischotter die einzige Otterart. In Asien kommen hingegen noch vier Verwandte vor: der Glatthaarotter, der Zwergotter, der Haarnasenotter und der Seeotter. Zuweilen teilen sich mehrere Arten denselben Lebensraum. Wie vermeiden sie dabei Konkurrenz? Eine Studie an einem Gewässer Thailands, wo Glatthaarotter, Zwergotter und Eurasische Fischotter zugegen sind, ging dieser Frage nach. Sie zeigte, dass sich die drei Arten auf unterschiedliche Beute spezialisiert haben: Die Glatthaarotter machen Jagd auf größere Fische als die Fischotter, dafür haben letztere eine vielfältigere Speisekarte: Sie erbeuten nebst Fischen auch Amphibien. Der Zwergotter ernährt sich hingegen größtenteils von Krebsen (Kruuk et al. 1994).

Die drei Arten gehen sich auch räumlich aus dem Weg. Die Zwergotter bewohnen vor allem kleine, steinige und schnell fließende Bäche. Die beiden anderen Otter sind eher in breiten, langsam fließenden Gewässern zu Hause (Raha & Hussain 2016).

Symboltier intakter Natur

In den 1970er-Jahren, als er in Europa vielerorts auf dem Rückzug und gebietsweise gar ausgerottet war, assoziierte man den Fischotter mit wilden Bächen, unverbauten Flüssen in dynamischen Auen, stillen Seen mit natürlichen Ufern – und das alles mit glasklarem Wasser, unbelastet von Umweltgiften. Die Art wurde zum Symboltier für intakte Gewässernatur. Diese Vorstellung rührt daher, dass der Fischotter am Tiefpunkt seines Bestandes aus den stark industrialisierten Regionen Europas größtenteils verschwunden war (Foster-Turley et al. 1990). Überlebt hatte er hauptsächlich in Gebieten mit großräumig naturnahen Gewässern (z. B. Romanowski 2006). Daraus schloss man, dass er zwingend auf solche Lebensräume angewiesen sei. Den Otterforscherinnen und -forschern fiel zudem auf, dass die Art in Regionen mit intensiver Landwirtschaft, einem dichten Straßennetz und hoher menschlicher Präsenz fehlte (Barbosa et al. 2001; Prenda et al. 2001; Robitaille & Laurence 2002; Marcelli & Fusillo 2009; Juhász et al. 2013). Deshalb galt der Fischotter auch als überaus störungsanfällig.

Heute weiß man es besser. Zweifellos sind naturnahe Bäche, Flüsse und Seen die besten Otterlebensräume. Als letzte Bastionen seiner Verbreitung waren sie für den Fischotter in Europa überlebenswichtig – und sind es heute noch. Doch die Art kann auch stark zivilisatorisch geprägte Lebensräume erfolgreich besiedeln. Man trifft sie heute in regulierten Flüssen, Kanälen und Bewässerungsgräben an (Romanowski 2006). Auch hat sich gezeigt, dass der Fischotter seinen Lebensraum sehr wohl mit vielen Menschen teilen kann (Madsen & Prang 2001; Kruuk 2006; Chanin 2013).

Stadtotter

Selbst städtische Räume erobert er derzeit zurück. So haben sich in letzter Zeit Fischotter mitten in London und Hamburg niedergelassen (Bedford 2009; Schäfers et al. 2016). Anekdoten aus dem letzten Jahrhundert zeigen, dass Stadtotter kein neues Phänomen sind. 1884 beklagten sich die Angler in Berlin über die angeblich starke Vermehrung der Fischotter. Gleichzeitig genossen manche Berlinerinnen und Berliner die gelegentliche Beobachtung jagender Fischotter von Spreebrücken aus. Erst um 1920, als man die hölzernen

3

3 Naturspektakel in der City: Auch in Städten wie hier in England finden sich Fischotter zurecht.

4 Fischotter erscheinen meist nur kurz an der Wasseroberfläche.

5 Kaum hat man sie erblickt, sind sie schon wieder abgetaucht.

Ufereinfassungen der Spree durch Steinmauern ersetzte, verschwanden die Tiere aus dem Berliner Stadtbild. Der Umbau hatte ihre Unterschlüpfe zerstört (Festetics 1980).

Heinrich Hediger, der damalige Direktor des Berner Tierparks Dählhölzli, bezeichnete den Fischotter 1940 als Kulturfolger (Hediger 1940). Und auch in der Zeit, als die Art in Deutschland am Rand der Ausrottung stand, bezweifelte der deutsche Otterexperte Claus Reuther nicht, dass der Fischotter sich mit der Anwesenheit des Menschen arrangieren kann – wenn er denn genügend Nahrung und Ruheplätze findet (Reuther 1993).

Die Lebensraumanalysen, die auf der Verbreitung am Tiefpunkt des europäischen Bestandes basierten, ergaben auch in einer anderen Hinsicht ein leicht verzerrtes Bild von den Ansprüchen des Fischotters. Die Art hielt sich damals nur noch in tiefen Höhenlagen auf. Aus den Gewässern der Alpen war sie hingegen fast gänzlich verschwunden (Foster-Turley et al. 1990). Der Alpenraum wird deshalb heute noch zuweilen als schlechter Otterlebensraum bezeichnet (European Environmental Agency, 2018). Doch inzwischen belehrte uns der Fischotter auch hier eines Besseren: In den letzten 20 Jahren ist er – wenn auch noch nicht flächendeckend – in den Alpenraum zurückgekehrt (Kranz et al. 2004; Pavanello et al. 2015; Weinberger 2017).

So flexibel der Fischotter in der Wahl seines Lebensraums auch ist – ein paar Grundbedingungen müssen dennoch erfüllt sein. Wie für die meisten Tierarten sind auch für ihn drei Aspekte für das Überleben elementar: genügend Nahrung, ruhige Schlafplätze und sichere Aufzuchtsorte.

Dem Fischotter auf der Spur

Wie nutzt der Fischotter seinen Lebensraum? Wie groß sind seine Streifgebiete? Wo geht er auf die Jagd? Wie müssen seine Ruheplätze beschaffen sein, damit er sich darin sicher fühlt? Wo ziehen die Weibchen die Jungen auf? Was zeichnet ein gutes Fischotterhabitat aus? Will man den Fischotter in der zivilisatorisch geprägten Gewässerlandschaft Europas erhalten und seine weitere Ausbreitung ermöglichen, braucht es Antworten auf diese Fragen.

Fischotter leben überaus heimlich und sind – außer an den schottischen Küsten – tagsüber unsichtbar. Im Binnenland sind Sichtbeobachtungen rare Glücksfälle. Und sie dauern normalerweise nur einen Augenblick: Kaum hat man ein Tier erspäht, ist es schon wieder abgetaucht.

4

5

Die Methode der Wahl zur Erforschung der Lebensraumansprüche und des Raumverhaltens schwer zu beobachtender Arten ist die Telemetrie. Beim Fischotter ist dies allerdings nicht einfach anwendbar. Den Sender an einem Halsband zu montieren, wie man das bei manchen Tierarten tut, ist bei ihm unmöglich: Die Tiere würden das Halsband umgehend abstreifen, denn ihr Kopf ist schmaler als der Nacken. Der Sender wird daher meist in die Bauchhöhle implantiert, was einen operativen Eingriff erfordert. Es überrascht daher nicht, dass bis heute erst wenige telemetrische Studien mit Fischottern durchgeführt wurden (siehe auch Seite 208 f).

Die Telemetrie

6 Ausrüstung für die Feldarbeit bei der Telemetrie: Protokollblätter, Kompass, GPS, Stirnlampe, Karte (vor der Frontscheibe von links nach rechts) und Empfänger (grünes Gerät vorne rechts) – sowie ein Auto.

Die Telemetrie ist in den letzten Jahrzehnten zu einem unverzichtbaren Instrument der Wildtierforschung geworden. Das Tier wird mit einem Sender ausgerüstet. Dieser emittiert in kurzen, regelmäßigen Abständen ein Signal. Am anderen Ende ist die Forscherin, die mit einer Richtantenne und einem Empfangsgerät unterwegs ist. Zeigt die Antenne in die Richtung des Senders – und damit des Tiers – wird das Signal deutlich. Je weiter der Winkel der Antenne vom Sender wegdreht, desto leiser wird der Signalton. So kann der Aufenthaltsort des Tieres jederzeit geortet werden.
Viel geringer ist der Arbeitsaufwand, wenn die Ortung via Satellit und GSM erfolgt – was heute meist der Fall ist. Der Standort des Tiers wird direkt an einen Computer übertragen. Doch diese Technik funktioniert nur bei einwandfreiem Satellitenempfang. Erschwert wird die Lokalisierung im Wasser, unter der Erde und wo hohe Berge die Triangulation mit den Satelliten behindert. In der Studie *Lutra alpina* wurde deshalb mit der herkömmlichen Methode der Handtelemetrie gearbeitet, in einer Pilotstudie in Portugal wurde die Satellitentelemetrie erfolgreich angewendet – jedoch zeitlich und lokal beschränkt (Quaglietta et al. 2012).

 6

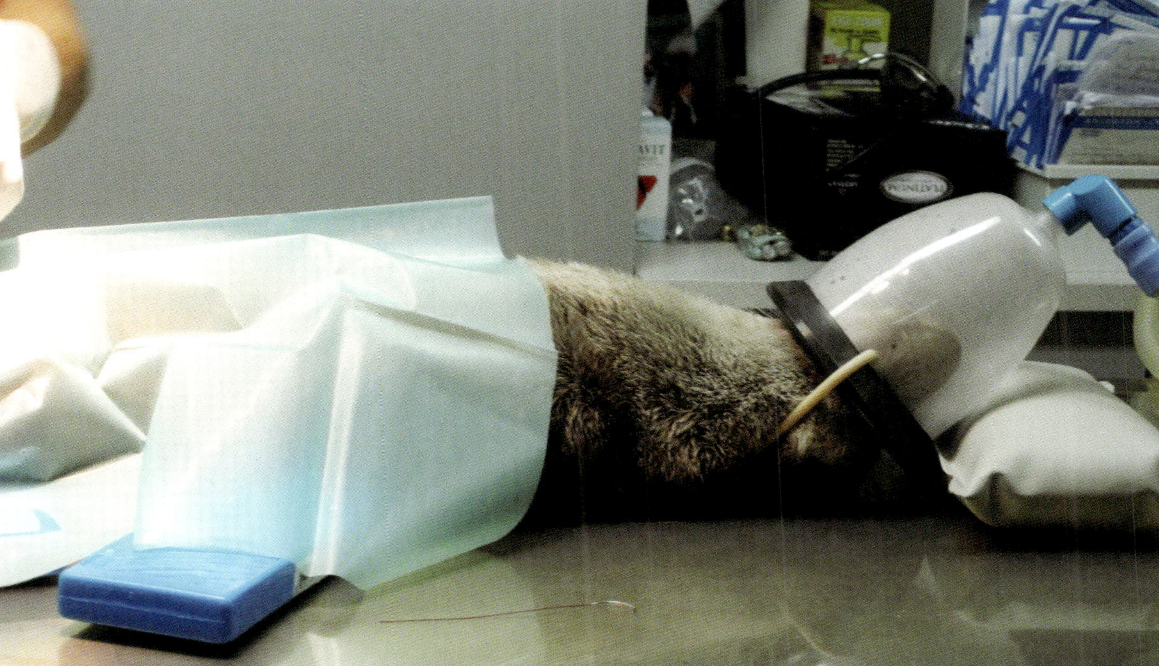

7 Irene Weinberger beim Telemetrieren eines Fischotters im Forschungsprojekt *Lutra alpina*.

8 Der Sender wird dem Fischotter in Narkose implantiert.

9 Streifgebiete telemetrierter Fischotter im Projekt *Lutra alpina* in der der Steiermark: Die männlichen Reviere sind in verschiedenen grünen, die weiblichen in roten bis violetten Farbtönen eingezeichnet.

10 Das Nahrungsangebot bestimmt die Größe der Jagdreviere.

11 Ohne Fische gibt es keinen Fischotter.

Jagdgebiete

Mithilfe der Telemetrie lässt sich zunächst einmal die Frage nach der Größe der Streifgebiete beantworten. Weil sich Fischotter fast immer einem Gewässer entlang bewegen, wird diese meist in Kilometern Bach- oder Flusslauf angegeben und nur gelegentlich auch in Hektaren Gewässerfläche.

Die erste telemetrische Studie machten Rosemary und Jim Green zusammen mit Don Jefferies in den 1980er-Jahren in Schottland. Die drei besenderten Fischotter bewegten sich über 16 bis 39 Uferkilometer (Green et al. 1984). In derselben Größenordnung lagen Werte, die Sam Erlinge bereits in den 1960er-Jahren in einem Gebiet mit Fließgewässern und Seen in Südschweden erhoben hatte. Aufgrund der Spuren im Schnee schätzte er die Größe der Streifgebiete auf 6 bis 21 Uferkilometer (Erlinge 1967). Spätere Untersuchungen an unterschiedlichen europäischen Binnengewässern kamen auf ähnliche Reviergrößen (Kruuk et al. 1993; Durbin 1996b; Weinberger et al. 2016). Den europäischen Höchstwert verzeichnete ein Männchen, das Leo Durbin in Schottland telemetrisch überwacht hatte: Dessen Revier war 84 Uferkilometer lang (Durbin 1998).

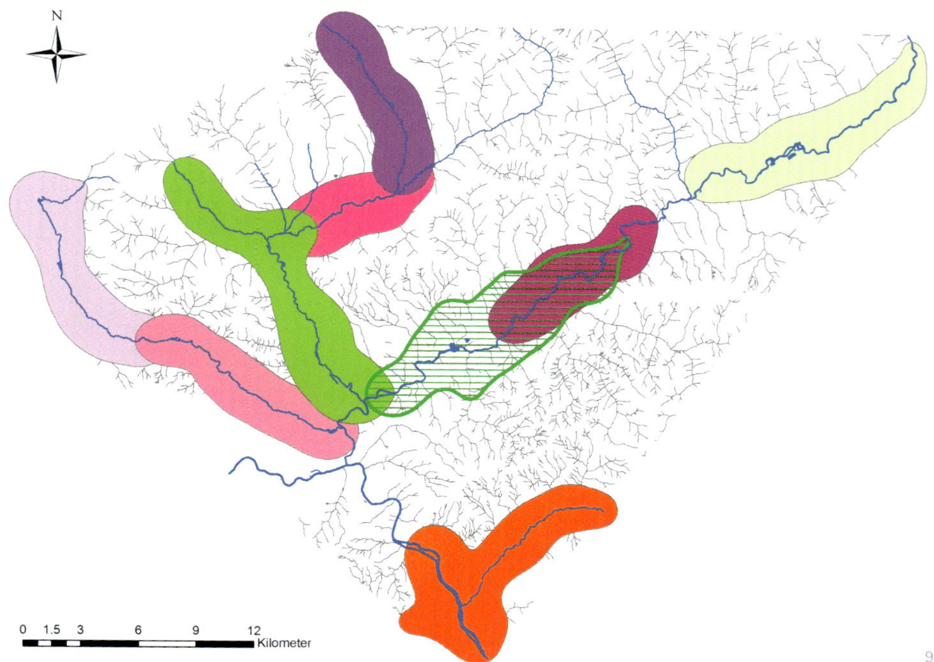

9

In der Regel haben Weibchen kleinere Territorien als die Männchen – und die dominanten Männchen durchstreifen die größten Gebiete. Doch das kristallisiert sich bei den Männchen erst mit dem Alter heraus: Als subadulte Tiere beanspruchen sie noch etwa gleich viel Raum wie die Weibchen. Bei Eintritt der Fortpflanzungsfähigkeit vergrößern sie ihren Aktionsradius dann massiv (Sjoasen 1997).

10

11

Streifgebiet, Territorium, Revier

Tiere bewegen sich nicht zufällig durch die Landschaft. In der Regel hat jedes ein bestimmtes Streifgebiet. Dieser Begriff bezeichnet den Raum, in dem es seinen täglichen Bedürfnissen nachgeht. Es muss darin alles finden, was es zum Leben braucht.

Ein Territorium ist ein Streifgebiet, das gegen Artgenossen verteidigt wird. Beim Fischotter ist dies meist der Fall (siehe auch Seite 124 ff). Die Besitzerin oder der Besitzer kommt so in den Genuss der alleinigen Nutzung aller Ressourcen – Nahrung, Unterschlüpfe, Wurfplätze, Fortpflanzungspartner – im betreffenden Gebiet (Burt 1943).

Nicht bloß Einzeltiere, sondern auch ganze Gruppen können Territorien besetzen und verteidigen. Synonym zu Territorium wird auch der Begriff «Revier» verwendet.

12 Fischotter leben meist standorttreu in einem Revier, in dem sie sich auskennen.

Der Fisch macht das Streifgebiet

Die Größe der Streifgebiete wird von einem oder mehreren limitierenden Faktoren bestimmt. Beim Fischotter ist das meist die Nahrung. Je üppiger das Beuteangebot ist, desto weniger Raum braucht ein einzelnes Individuum (Ruiz-Olmo et al. 2001). Die Territorien an Gewässern mit großer Fischbiomasse sind deshalb kleiner als an fischärmeren. In den Telemetriestudien an nährstoffarmen Flüssen und Bächen hatten die Weibchen durchschnittlich 18,6 Kilometer lange Streifgebiete (Green et al. 1984; Kruuk et al. 1993; Durbin 1996b), in Gewässern mit mittlerer Nährstoffversorgung genügten ihnen 7,6 Kilometer (Ó Néill et al. 2009).

In Irland ist die Länge der Territorien bei den Weibchen negativ mit der Größe des Gewässers korreliert (Ó Néill et al. 2009): Je breiter der Fluss war, desto kürzer waren die Streifgebiete. Andere Studien fanden keinen derartigen Zusammenhang (Green et al. 1984; Kruuk et al. 1993; Durbin 1996b). Eine mögliche Erklärung für den irischen Befund liegt darin, dass in einem breiten Fließgewässer pro Kilometer mehr Fische schwimmen als in einem schmalen. Kommt hinzu, dass Fischotter als Stöberer vor allem am Gewässerrand auf Beutesuche gehen. Bei großen Flüssen liegen die Ufer weit auseinander, und die Tiere können auf beiden Seiten jagen. Damit verdoppelt sich die Länge ihres Jagdhabitats gegenüber einem schmalen Bach. Andererseits tummeln sich in naturnahen Landschaften in kleinen Bächen pro Fläche mehr Fische als in breiten Flüssen (Schager & Peter 2001).

Die Territorien bleiben – einmal besetzt – über die Jahre und auch die Jahreszeiten gleich. Nicht an diese Regel halten sich die Fischotter im Norden, wo die Seen im Winter gefrieren. In der schwedischen Studie von Sam Erlinge nutzten die Weibchen im Sommer 2 bis 3 Kilometer große Streifgebiete entlang von fließenden und stehenden Gewässern. Nach dem Zufrieren der Seen blieben ihnen nur noch die Fließgewässer. Die Reviergrößen erhöhten sich dann auf 5 Kilometer Gewässerstrecke (Erlinge 1967).

13 In beutereichen Teichlandschaften reichen den Fischottern bloß wenige Quadratkilometer große Jagdgebiete.

Reviere in Teichlandschaften

In den See- und Teichlandschaften Ostdeutschlands sowie in den von vielen Fischteichen durchzogenen Gegenden Südböhmens (Tschechische Republik) konnte sich der Fischotter auch in Zeiten halten, in denen anderswo die Bestände zusammenbrachen (Kranz 2000a). Bei diesen See- und Teichlandschaften handelt es sich um naturnahe Gebiete mit einer hohen Biodiversität. Das Nahrungsangebot für den Fischotter ist daher über das ganze Jahr hinweg üppig, und die Versteckmöglichkeiten sind zahlreich. Mit durchschnittlich 2,5 bis 3 Quadratkilometern Fläche sind die Otterterritorien hier denn auch außergewöhnlich klein (Dulfer et al. 1996). Entsprechend hoch ist die Besiedlungsdichte: In einer Teichregion in Sachsen leben 0,35 bis 0,5 Fischotter pro Kilometer Uferlinie. Dabei sind die weiblichen Tiere sesshafter als die männlichen: 46 Prozent der Weibchen, aber bloß 28 Prozent der Männchen wurden in zwei aufeinanderfolgenden Jahren in derselben Teichregion angetroffen (Lampa 2015).

13

Jagen in Fluss und Bach

Auf der Fischjagd in Fließgewässern bewegen sich Fischotter langsam bachaufwärts. Pro Nacht schwimmen Weibchen durchschnittlich etwa 4, Männchen 6 Kilometer weit. Doch wenn es sein muss, durchquert ein Tier in einer einzigen Nacht sein ganzes Territorium – und kehrt danach manchmal auch wieder an den Ausgangspunkt zurück. Die zurückgelegte Strecke kann dann leicht 20 Kilometer oder mehr betragen.

In Bächen und Flüssen werden bevorzugt Strecken bejagt, die hohe Beutedichten aufweisen (Green et al. 1984). Dabei spielt die Ufervegetation eine wichtige Rolle. Sie ist für viele aquatische Lebewesen wie Fische, Krebse und Wasserinsekten bedeutend. Reicht sie bis ins Wasser, bietet sie Unterschlupf und Deckung.

In kleinen Bächen kann sich die Ufervegetation auf die ganze Gewässerbreite auswirken. Dadurch sind Artenvielfalt und Biomasse bei den wirbellosen Wassertieren erhöht; Jungfische finden hier einen idealen Aufwuchslebensraum. Es ist daher nicht verwunderlich, dass kleine, nicht einmal 50 Zentimeter breite und naturnahe Fließgewässer überaus attraktiv für hungrige Fischotter sind (Kruuk et al. 1993).

Wasserkraft und Fischotter

Je stärker ein Fließgewässer verbaut ist, desto geringer sind Artenvielfalt und gesamte Biomasse der Fische (Fette et al. 2007). Im Alpenraum findet man Fischotter deshalb nur selten in schmalen Bächen (Weinberger et al. 2016). Einerseits handelt es sich dabei oft um steile Bergbäche, die im Sommer zu Rinnsalen verkommen; andererseits sind viele der kleinen Fließgewässer verbaut. Wo die Ufer betoniert und die Bachsohle mit undurchlässigen Steinen befestigt sind, hat es nur wenige bis keine Fische. Außerdem behindern hohe Abstürze, die im Zuge des Hochwasserschutzes eingebaut wurden, die Fischwanderung bachaufwärts. Auch im Tiefland Europas findet man in verbauten Kleingewässern nur selten Fischotter (Romanowski 2006).

Wasserkraftwerke beeinträchtigen die Lebensräume der Fische ebenfalls massiv. Stauwehre sind für sie nicht nur Wanderbarrieren – auch ihre Lebensräume oberhalb und unterhalb der Staumauer verändern sich tiefgreifend.

Aufgrund der reduzierten Fließgeschwindigkeit verschlammen die Kiesböden oberhalb der Staumauer. Wirbellose Wassertiere sowie an Kiesböden gebundene Fischarten verlieren dadurch ihren Lebensraum. Und in Restwasserstrecken ist das Wasser für viele aquatische Arten zu knapp (Bunn & Arthington 2002; Murchie et al. 2008).

Auch unter dem Sunk- und Schwallregime der Kraftwerke, bei dem die Abflussmenge täglich mehrmals um das Vielfache steigt und sinkt, leiden zahlreiche Gewässerorganismen (Baumann & Klaus 2003; ETH und EPF 2006).

Mit den Auswirkungen dieser Eingriffe in die Gewässerlebensräume auf den Fischotter befasste sich die Studie *Lutra alpina* in der Steiermark (siehe Seite 209). Im Untersuchungsgebiet sind die Gewässer auf weiten Strecken verbaut. Es zeigte sich, dass die Fischotter hier fast ausschließlich in Fließgewässern ab einer Breite von 4 Metern jagen. Genau diese Flüsse und Bäche werden aber auch elektrizitätswirtschaftlich genutzt. Auf den knapp 200 Kilometern Länge von Gewässern dieser Größenklasse existierten zur Zeit der Feldarbeiten 55 Stauwehre.

Dazwischen finden sich jedoch immer wieder naturnahe Abschnitte. Diese wurden von den Fischottern auch rege genutzt. Gemessen am Angebot jagten sie aber viel häufiger in Staustrecken von Bächen von bis zu 12 Metern Breite oder in den Restwasserstrecken größerer Gewässer (Weinberger et al. 2016).

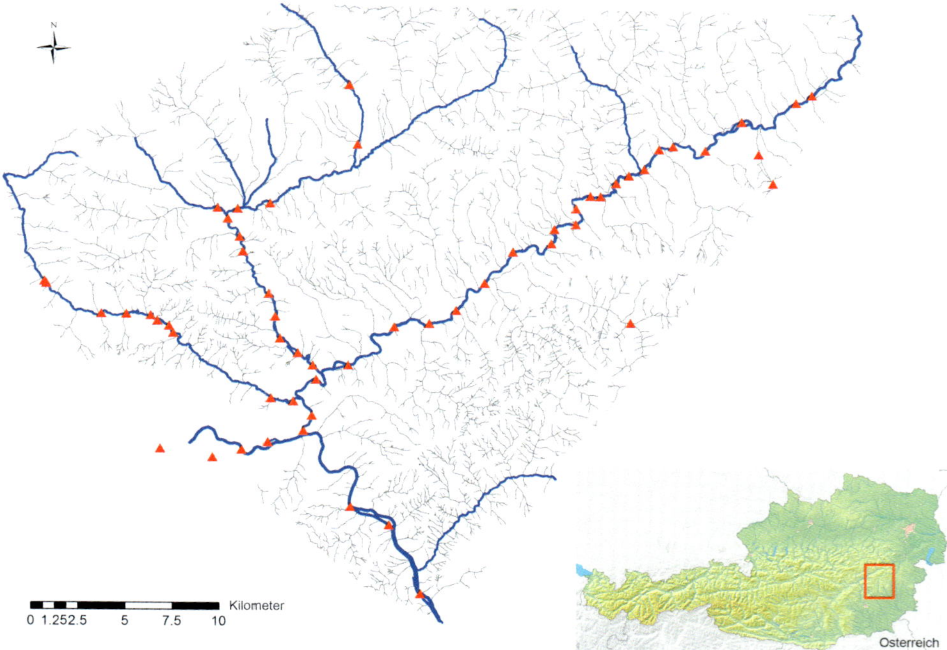

14

14 Untersuchungsgebiet von *Lutra alpina*. Über 50 Stauwehre (rote Dreiecke) unterbrechen die Fließgewässer mit mehr als 3 Metern Breite (blaue Linien).

15 Nutzung von frei fließenden Gewässern (blau), Staubecken (orange) und Restwasserstrecken (grün) als Jagdgebiet durch Fischotter in der Steiermark: Die Kurven zeigen das Verhältnis von genutztem und vorhandenem Lebensraum in Abhängigkeit von der Breite des Gewässers. Bei Werten über 1 wird der fragliche Lebensraum bevorzugt, bei tieferen Werten gemieden. War das Gewässer weniger als 12 Meter breit, jagten die Tiere bevorzugt in den Staustrecken. Bei breiteren Flüssen wurden hingegen vorwiegend die frei fließenden Bereiche als Jagdgebiete genutzt. Bilder rechts: natürlicher Abschnitt (oben), Staustrecke (Mitte), Restwasserstrecke (unten).

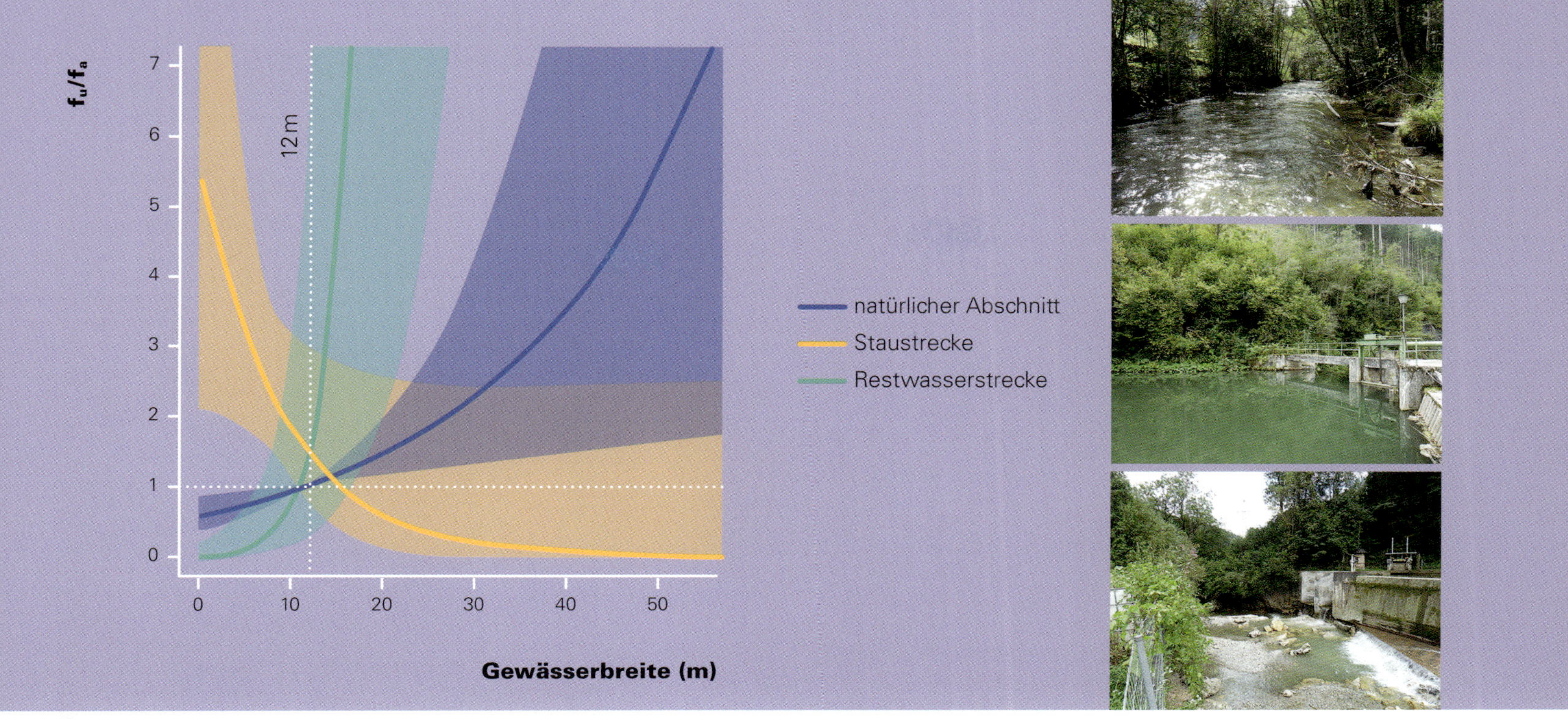

Fischbesatz für den Otter

Diese Ergebnisse erstaunten, ist doch die Fischbiomasse in Stau- und Restwasserstrecken im Normalfall kleiner als in den unregulierten Abschnitten. Der Grund für die spezielle Wahl der Jagdgebiete liegt wahrscheinlich in der fischereilichen Bewirtschaftung der betreffenden Gewässer: Die Flüsse und Bäche der untersuchten Region werden nämlich mit Fischen besatzt. Ausgesetzt werden dabei vorwiegend Forellen aus Zuchten. Diese sind zwar gut genährt, jedoch schlecht für das Leben in einem Fließgewässer gerüstet; in der starken Strömung ermüden sie rasch. Zudem werden sie von den ansässigen territorialen Forellen vertrieben (Weber & Fausch 2003). So lassen sich die Besatzfische bachabwärts in das nächste Staubecken treiben (Weiss & Schmutz 1999a).

In kleinen Staustrecken sind sie dann ein gefundenes Fressen für hungrige Fischotter. Staubereiche großer Fließgewässer sind hingegen breit und ziehen sich über sehr lange Strecken hin. In ihnen verteilen sich die Besatzforellen auf ein weit größeres Gebiet. Deshalb ist die Jagd hier für den Fischotter weniger effizient. Dafür ist sie in den Restwasserstrecken aussichtsreich: Oft sind die Fische im flachen Wasser exponiert und deshalb eine leichte Beute. Wo jedoch nur wenig Restwasser fließt, sind auch die Fische rar (Kranz 2011). Dann gibt es für den Fischotter nichts zu futtern.

16 Futter für den Fischotter? Ausgesetzte Fische sind eine leichte Beute. Gewässerstrecken mit Fischbesatz sind deshalb beliebte Jagdgebiete.

17 In viel begangenen Gewässern entziehen sich die Tiere den Blicken des Menschen, indem sie gedeckt von der schützenden Ufervegetation dem Gewässerrand entlang schwimmen.

Unbemerkt im Trubel

Ungern setzten sich Fischotter dem Blick des Menschen aus. In viel begangenen Gewässern schwimmen sie deshalb dem Gewässerrand entlang, gedeckt von schützender Ufervegetation. Oder sie nutzen tauchend die schnellere Fließgeschwindigkeit in der Mitte. Daher fallen sie selten auf. Manchmal halten sich Fischotter auch in stark befahrenen Häfen auf und durchqueren Siedlungen auf ihren nächtlichen Streifzügen. Wie vorsichtig – und zielstrebig – sie mit uns Menschen umgehen, zeigen Anekdoten aus Telemetriestudien: In Schottland wurde bei Sonnenuntergang ein Fischotter gepeilt, der in einem Bach an einer Gruppe von Kindern, mehreren Spaziergängern, vier Anglern am Ufer und einem Boot vorbeischwamm. Dabei passierte er auch eine Stelle, wo der Wasserstand bloß 15 Zentimeter hoch war. Niemand hatte ihn gesehen (Green et al. 1984).

Auch die Nachtfischerei, die in England häufig betrieben wird, bringt manche Fischotter offenbar nicht aus dem Konzept. Namentlich Männchen sind oft recht störungstolerant. Eines teilte sein Hauptjagdgebiet mit bis zu

17

12 Nachtfischern und ließ sich dabei nur selten von seinen Plänen abbringen. Und im Streifgebiet von *Hans,* einem besenderten Fischotter im Projekt *Lutra alpina,* fand eines Nachts eine Übungsaktion von Rettungstauchern statt. Das grelle Licht über und unter dem Wasser schien ihn eher neugierig zu machen. Erst nachdem er sich die Sache einige Minuten lang näher angesehen hatte, zog er weiter (pers. Beob. C. Gamlik).

Hingegen mögen Fischotter Hunde nicht. Zu Recht: Deren Bisse können für sie tödlich sein. Sind Hunde jedoch an der Leine oder hinter einem Zaun, können sie noch so wütend bellen – einen Fischotter beeindrucken sie damit nicht. Manchmal deponieren Fischotter gar ungeniert ihre Losung in unmittelbarer Nähe von bellenden, aber angebundenen Hunden (Chalupa 2006).

Sogar die überaus auf Sicherheit bedachten Weibchen mit Jungen zeigen eine gewisse Nonchalance, wie eine Beobachtung aus Tschechien zeigt: Die wild kläffenden Wachhunde hinter einem Zaun brachte ein Muttertier mit ihrem Jungen nicht aus der Ruhe. Auf dem Weg vom Tagesversteck zum Fließgewässer marschierten die zwei überaus häufig diesem Zaun entlang (Chalupa 2006).

Vielfältige Schlafplätze

Fischotter brauchen viel Schlaf. Geeignete Ruheplätze sind eine unverzichtbare Ressource in ihrem Lebensraum.

Vorhergehende Doppelseite:
Wo Fischotter sich sicher fühlen, schlafen sie auch an ungeschützten Orten.

1 Mehr als zwei Drittel seiner Lebenszeit verbringt ein Fischotter schlafend. Er tut dies gerne unter den Wurzeln von Uferbäumen (A), in Hohlräumen der Uferverbauung (B), zwischen Steinen im Blockwurf (C), in Kanalisationsrohren (D), unter Asthaufen (E) oder im Schilf (F).

Fischotter verschlafen bis zu 17 Stunden pro Tag (Beja 1996b). Für solche Langschläfer sind sichere Verstecke sehr wichtig. Wie bei vielen Tierarten muss auch das Otterversteck Sicherheit vor den natürlichen Feinden bieten sowie vor Regen, Wind, Hitze oder Kälte schützen (Lesmeister et al. 2008).

Die Schlafplätze sind meist gut versteckt. Studien mit besenderten Tieren zeigen, dass gerade mal einer von zehn Unterschlüpfen äußerlich wahrnehmbare Merkmale zeigt. Die restlichen neun bleiben unseren Blicken verborgen (Green et al. 1984; Kruuk 1995; Beja 1996b). Geeignete Verstecke gelten als wichtige und mancherorts gar als limitierende Ressource für Fischotter. Deren Verknappung aufgrund des Gewässerumbaus wird denn auch als einer der Hauptgründe für die Bedrohung von Fischottervorkommen bezeichnet (Mason & Macdonald 1986).

Drüber oder drunter

In der deutschen Sprache gibt es keine spezifischen Ausdrücke für die Otterverstecke. Wohl aber im Englischen: Die Tagesverstecke von Ottern werden im Fachjargon als «Holt» und «Couch» bezeichnet. Mit Holts bezeichnet man unterirdische Verstecke, Couches liegen auf der Oberfläche. Holts können in Wurzelgeflechten von unterspülten Uferbäumen oder in Hohlräumen unter Felsbrocken oder Steinen liegen. Nicht immer sind sie natürlich. Auch unter losen Steinblöcken einer Uferbefestigung, in einem trockenen Kanalrohr oder in einem Hohlraum in einer ansonsten gut verkitteten Mauer kann ein Fischotter den Tag verschlafen. Um in ihr Versteck zu gelangen, müssen sich die Tiere manchmal regelrecht in die Höhle hineinzwängen. Andere Holts sind hingegen geräumige, fast halboffene Kammern mit Aussicht auf das Gewässer. Nicht immer ist der Eingang oberirdisch: Gelegentlich befindet er sich

A

B

C

D

E

F

1

unter dem Wasserspiegel. Couches sind Schlafplätze, die man – würde man sie finden – in Asthaufen, Holzbeigen und während der Vegetationsperiode auch im dichten Gestrüpp, unter überhängendem Geäst oder im Schilf antrifft. Eine etwas ausgefallene Schlafplatzwahl traf ein Fischotter in Wales: Er verschlief den Tag ab und zu in einem Autowrack, das an seinem Flussufer dahinrostete (Chanin 2013).

Nah am Wasser gebaut

Fischotter bevorzugen Schlafplätze in der Nähe eines Gewässers (Green et al. 1984; Beja 1996; Weinberger et al. unpubl.). Nur wenige sind 50 und mehr Meter weit vom Wasser entfernt und damit auch außerhalb der Ufervegetation. Dabei handelt es sich oftmals um einmalige Verstecke von Männchen auf Erkundungsausflügen. Aus dem Rahmen fallen in dieser Hinsicht die Fischotter der Shetland Islands. Ihre Verstecke liegen bis zu einem Kilometer landeinwärts in Erdhöhlen, die sie meist selbst graben. Manchmal übernehmen sie auch verlassene Kaninchenbaue. Es sind zum Teil ganze Höhlensysteme mit mehreren Eingängen, Wurfkammer, Latrine und einer Ganglänge von insgesamt 20 Metern. In all diesen unterirdischen Verstecken befindet sich Süßwasser – sei es in Form eines Wasserbeckens oder gar eines unterirdischen Fließgewässers. Denn Fischotter, die im Meer jagen, brauchen Süßwasservorkommen, um das Salz aus dem Pelz zu waschen (Kruuk 1995). Versiegt das Wasser in einem Versteck, schläft keiner mehr dort. Ähnlich verhält es sich bei den Tieren entlang der portugiesischen Küste. Zwar liegen ihre Schlafplätze ufernah, doch findet sich auch bei ihnen stets ein Süßwasservorkommen in unmittelbarer Nähe (Beja 1996b).

2

2 Die Tagesverstecke von Fischottern, die im Meer jagen, befinden sich oft weitab der Küste. In der Nähe braucht es Süßwasser, in dem die Tiere ihren Pelz waschen können.

3 Der Schlafplatz wird täglich gewechselt. Die Grafik zeigt die Zahl der festgestellten Tagesverstecke von Fischottern in der Studie *Lutra alpina* in der Steiermark. Jede Kurve steht für ein Tier. Bei allen wurden im Lauf der Studie immer wieder neue Schlafplätze entdeckt.

Mal hier, mal da

Fischotter mögen Abwechslung. Nur selten verbringt ein Tier zwei Tage hintereinander am selben Ort. Wo genügend Strukturen vorhanden sind, nutzen sie denn auch viele Verstecke. Im fast drei Jahre dauernden Projekt *Lutra alpina* bezogen die neun besenderten Tiere insgesamt mindestens 297 Tagesverstecke – und kein Ende war in Sicht. Denn besonders zwischen Frühling und Herbst suchen Fischotter gerne neue Schlafplätze auf. In der aufkommenden und dichten Vegetation lässt sich nun überall gut geschützt ruhen – idealerweise unmittelbar in der Nähe eines guten Jagdgebiets.

Andererseits sind Fischotter aber auch konservativ: Es gibt Verstecke, die über die Jahre hinweg immer wieder besucht werden. Überaus häufig sind es Holts, deren Vorzüge mehrere Ottergenerationen genießen. So kennen ehemalige Otterjäger in Wales Tagesverstecke, die von den ansässigen Fischottern schon seit mehreren Jahrzehnten, ja seit über 100 Jahren genutzt werden (Chanin 2013).

Durchschnittlich 33 Tagesschlafplätze besitzt ein Fischotter im Alpenraum – eine stattliche Anzahl Wohnungen. Sie liegen im Schnitt gerade mal 144 Meter auseinander. Wo auch immer sie sich in der Nacht aufhalten: Der Weg zum nächsten Schlafplatz ist nie weit (Weinberger 2016).
Anders ist das an den Meeresküsten. Hier herrscht oft Mangel an guten Versteckstrukturen. Die starke Bindung an Süßwasser limitiert die Zahl geeigneter Plätze. Auf jedes Weibchen kommen deshalb im Durchschnitt

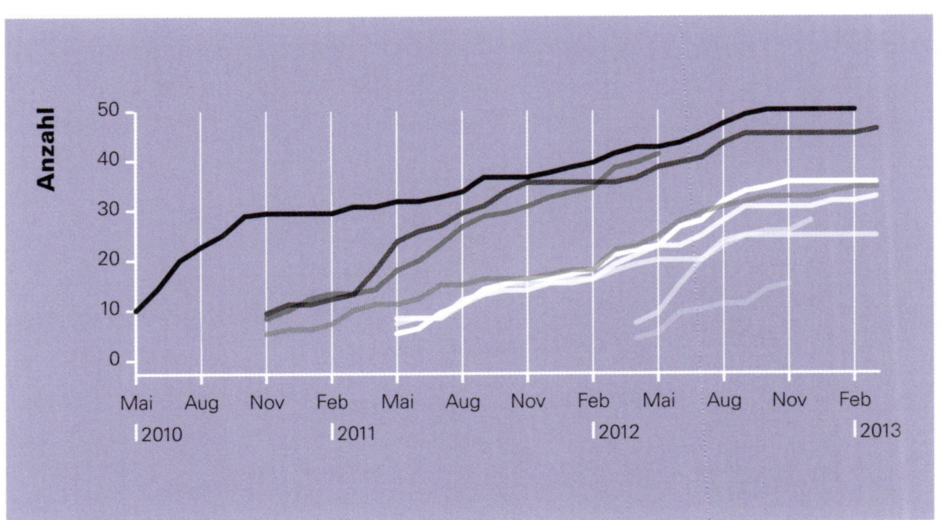

3

4 Werden Fischotter im Tagesversteck gestört, fliehen sie ins Wasser – vom Menschen meist unbemerkt.

bloß 3 Verstecke (Kruuk 1995). Und sie sind weit voneinander entfernt: 1,7 Kilometer betrug die durchschnittliche Distanz zwischen den Schlafplätzen an der portugiesischen Küste (Beja 1996b).

Auffällig sind lokale Häufungen von Tagesverstecken, die in verschiedenen Telemetriestudien festgestellt wurden (Green et al. 1984). Dieses Phänomen dürfte mit sozialen Interaktionen von Fischottern zusammenhängen: Mehrmals verschliefen zwei besenderte Tiere in der Studie *Lutra alpina* den Tag in unmittelbarer Nähe voneinander, aber nicht im selben Versteck (Weinberger 2016).

Unzeitig geweckt

In gut abgeschirmten Verstecken schlafen Fischotter in der Regel tief. Ruhen sie hingegen an Plätzen, die bloß durch die Vegetation geschützt sind, ist ihr Schlaf leichter. Die Tiere fliehen dann öfter, wenn sich ein Mensch oder ein Hund nähert. Still und unbemerkt gleiten sie dann ins Wasser (Green et al. 1984).

Wir nehmen diese Flucht nicht wahr. Das ist beunruhigend, wenn man bedenkt, dass die Störung durch den Menschen als ein Schlüsselfaktor für die Verbreitung vieler Tierarten gilt – möglicherweise auch für den Fischotter (Manning et al. 2013). Die Auswirkungen menschlicher Aktivitäten auf die Schlafplatzwahl der Fischotter wurden im Projekt *Lutra alpina* näher untersucht. Wie sind die Tagesverstecke und deren unmittelbare Umgebung beschaffen, wie oft pro Tag halten sich Menschen in ihrer Nähe auf? Es zeigte sich, dass die Breite der Ufervegetation eine entscheidende Rolle als Puffer gegenüber Störungen spielt. Sobald Menschen sich dem Versteck häufig auf weniger als 15 Meter annähern, ist ein breiter Vegetationsstreifen entlang dem Gewässer zwingend. Ohne menschliche Aktivitäten reicht ihnen auch ein schmaler (Weinberger 2016).

Ein weiteres Indiz für die Bedeutung der Ufervegetation als Sichtschutz ist der saisonale Wechsel der Tagesverstecke: Im Winter befinden sich diese praktisch ausnahmslos in Holts. Das liegt offenbar nicht allein am besseren Schutz vor der Kälte. Ausschlaggebend scheint vielmehr das Sicherheitsbedürfnis zu sein. Die Fischotter verziehen sich nicht erst beim Wintereinbruch in den Untergrund, sondern bereits dann, wenn die Vegetationsperiode zu Ende ist und damit die Deckung durch Pflanzen wegfällt (Weinberger 2016).

5 Das Weibchen polstert die Wurfhöhle mit pflanzlichem Material aus.

In einem Holt fühlen sich die Fischotter sicherer als in oberirdischen Couches. Das bewies auch ein Weiblichen in Schottland, dessen Holt knapp 30 Meter von einer Baustelle entfernt war. Erst als die Bauarbeiter unmittelbar über dem Versteck standen, flüchtete es (Green et al. 1984).

Wurfhöhlen

Für die Geburt und die Kinderstube braucht es eine spezielle Unterkunft. Die Wurfhöhle ist das einzige Versteck, in dem ein Weibchen über mehrere Wochen bleibt. Da hat man es gerne behaglich. Die Weibchen polstern die Höhlen mit Gras und anderem weichen Material aus. Dabei sind sie nicht sehr wählerisch. Es wurden schon Weibchen beobachtet, die angeschwemmtes Plastik in die Höhlen eintrugen (Kruuk 1995).

In der Regel sind Wurfhöhlen auch tatsächlich Höhlen. Sie liegen verborgen im Wurzelgeflecht von Bäumen, zwischen großen Steinblöcken oder – wie auf den Shetland Islands – in Erdhöhlen. Doch es kommt auch vor, dass ein Weibchen ihre Jungen in einem oberirdischen Versteck zur Welt bringt und aufzieht, etwa unter einem Asthaufen oder im Schilf.

Vielerorts befinden sich die Wurfhöhlen in unmittelbarer Nähe zum Gewässer, das am häufigsten genutzt wird. Meist liegen sie jedoch etwas erhöht, sodass sie auch bei Hochwasser nicht geflutet werden. Sie können auch sehr abgelegen sein. Möglicherweise versuchen die Weibchen damit, ihre Jungen vor Fressfeinden oder Infantizid (siehe Seite 84 f) zu schützen. Doch alles hat seinen Preis: Das Weibchen verbraucht dann zusätzliche Zeit und Energie für die tägliche Pendlerstrecke von der Wurfhöhle zum Jagdgewässer und zurück. Und die Jungtiere können auf dem langen Weg zum Wasser eher Feinden wie Luchs, Wolf, Uhu oder Adler zum Opfer fallen (Ruiz-Olmo et al. 2005).

Einheitliche Kriterien für einen geeigneten Standort scheint es nicht zu geben, wie vier Weibchen aus der Studie *Lutra alpina* zeigen: *Baukje* und *Gessa* hatten ihre Wurfhöhlen unmittelbar am Gewässer in bereits bekannten Tagesverstecken. *Fee* brachte ihre Jungen unter einem riesigen Asthaufen an einem ausgetrockneten Bach zur Welt, ein Steinwurf von einer relativ stark befahrenen Transitstraße entfernt. Und *Alena* probierte verschiedene Verstecke aus. Den ersten Wurf gebar sie im Sommer in einem Asthaufen unmittelbar neben ihrem Hauptfließgewässer. Die Jungen starben jedoch bereits

5

in der Kinderstube. Im Frühling danach erhob *Alena* eines ihrer Lieblingsverstecke zur Wurfhöhle: einen Holt mit Eingang unter Wasser an einem malerischen See. Kaum ein Jahr später – die Spuren des Jungtiers hatten sich im November verloren – bezog *Alena* einen Asthaufen in etwa 150 Meter Distanz zu einem kleinen Bergbach, in einem steilen, bewaldeten Hang. Das Versteck lag weitab von ihrem normalen Aktivitätsgebiet und war überaus schwierig zu erreichen. Um dahin zu gelangen, musste die Otterin über 1 Kilometer entlang dem Bächlein marschieren und 250 Höhenmeter überwinden. Die Frage drängt sich auf, wie sie dieses Versteck überhaupt gefunden hatte. Wie auch immer – wochenlang legte *Alena* jede Nacht unbeirrt ein bis zweimal den beschwerlichen Weg hinunter zum Jagdgebiet und wieder hinauf zur Wurfhöhle zurück.

Sobald der Nachwuchs etwa 2 Monate alt ist, verlässt die Mutterfamilie die Wurfhöhle. Fortan werden die Ruheplätze wieder täglich gewechselt. Ein Unterschied in der Nutzung der Tagesverstecke zwischen einem Muttertier mit Jungen und einem nicht reproduktiven Weibchen ist zu diesem Zeitpunkt nicht mehr feststellbar. Möglicherweise sind aber an Fließgewässern Tagesschlafplätze von Mutterfamilien in der Nähe von ruhigen Gewässerabschnitten oder wasserführenden Gräben besonders attraktiv. Der Nachwuchs

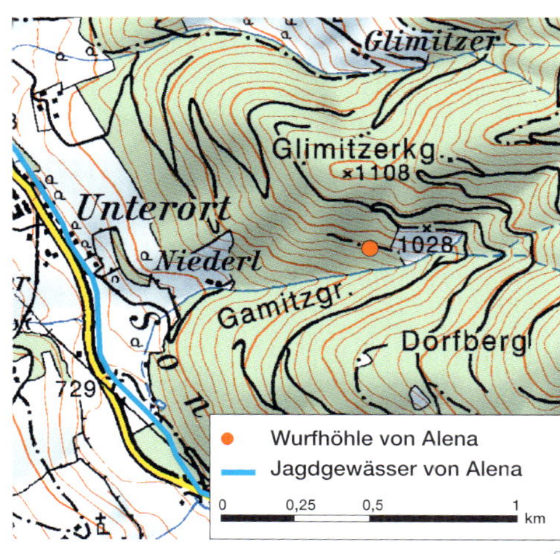

6 Blick aus der Wurfhöhle des Otterweibchens Alena im Projekt *Lutra alpina*.

7 *Alena* brachte ihre Jungen unter einem Asthaufen gleich neben einem Waldweg zur Welt.

8 Die Wurfhöhle (roter Punkt) war rund einen Kilometer vom nächsten Jagdgewässer entfernt.

9 Tintenfische werden nicht verschmäht – auch wenn deren Handhabung nicht ganz einfach ist.

kann hier schwimmen lernen, ohne dass er riskiert zu ertrinken oder von der Strömung mitgerissen zu werden (Ruiz-Olmo et al. 2005). Das mag auch ein Grund dafür sein, dass die Weibchen an der schottischen Küste generell ruhige Abschnitte aufsuchen, während die Männchen in exponierteren Abschnitten jagen (Kruuk 1995).

Aktiv, wenn die Beute schläft

Die Fischotter Europas sind vornehmlich dämmerungs- und nachtaktiv. Doch nicht überall: Entlang der schottischen Küste sind die Tiere tagsüber unterwegs (Kruuk 1995). Auch in Seen können Fischotter gelegentlich am helllichten Tag beobachtet werden.

Die unterschiedlichen Aktivitätsmuster stehen vermutlich im Zusammenhang mit denjenigen der Beutetiere (Kruuk 2006, Carss et al. 1990; Kruuk & Moorhouse 1990). Fische sind meist entweder tagsüber oder nachts aktiv. Speziell während der Dämmerung herrscht jedoch reges Leben in den Gewässern: Die tagaktiven Fische suchen nun ihre Unterstände auf, die nachtaktiven werden wach. Für fischfressende Beutegreifer lohnt es sich, in dieser Zeit auf die Pirsch zu gehen. In Fließgewässern werden Fischotter denn auch allgemein erst nach Anbruch der Dämmerung munter (Green et al. 1984; Beja 1996b).

9

Besonders leicht zu erbeuten sind schlafende Fische. Bei tagsüber jagenden Fischottern an Binnengewässern handelt es sich denn auch oft um Tiere, die sich hauptsächlich von Aalen ernähren (siehe Kruuk 2006). Aale sind mehrheitlich nachts aktiv und verbringen den Tag träge am Gewässerboden (LaBar et al. 1987).

Aus demselben Grund gehen die Fischotter an der schottischen Meeresküste am Tag auf die Pirsch. Auch ihre bevorzugten Beutefische sind mehrheitlich nachtaktiv und ruhen tagsüber unter Steinen und in der Meervegetation (Kruuk et al. 1988). Anders an der Atlantikküste Portugals. Hier ernähren sich Fischotter vornehmlich von Lippfischen der Art *Symphodus melops*. Diese haben ihre Ruhezeit in der Nacht (Beja 1996b).

Auch wenn Fischotter in Fließgewässern meist erst nach Sonnenuntergang aktiv werden: Die Uhr kann man nicht nach ihnen stellen. Die im Rahmen der Studie *Lutra alpina* untersuchten Tiere in der Steiermark erwachten im Juni teilweise noch vor Sonnenuntergang, in den langen Winternächten jedoch im Durchschnitt erst 100 Minuten danach. Es gibt indessen auch

10

individuelle Unterschiede. Die Männchen schliefen gerne etwas länger als die Weibchen. Eine Ausnahme bildete *Cleo,* ein subadultes Weibchen. Sie war eine ausgesprochene Spätaufsteherin. Erst lange nach Sonnenuntergang begann sie sich zu regen, viel später als die anderen Tiere.

Die wache Zeit beginnt in der Regel mit einer ausgiebigen Fellpflege. Diese dauert 10 bis 20 Minuten. Erst danach verlassen die Tiere ihr Tagesversteck (Green et al. 1984).

Ruhepausen in langen Nächten

Insgesamt sind Fischotter pro Tag 5 bis 10 Stunden aktiv (Green et al. 1984), dies aber meist nicht am Stück. Auch in der Otterwelt braucht man hin und wieder eine Pause. Die erste aktive Phase zu Beginn der Nacht ist die längste. Sie kann bis zu fünf Stunden dauern (Green et al. 1984). Danach wird geruht. Die Zahl der Ruhephasen ist abhängig von der Nachtlänge. In den langen Winternächten pausieren die Tiere zwei bis dreimal, im Hochsommer machen sie zuweilen die ganze Nacht durch (Green et al. 1984; Beja 1996; Weinberger et al., unpubl.).

Erst gegen den Morgen ziehen sich Fischotter in ihre Tagesverstecke zurück. Im Winter geschieht dies etwa drei Stunden vor Sonnenaufgang. In den kurzen Sommernächten beginnt der Tagesschlaf jedoch durchschnittlich erst 40 Minuten, bevor die Sonne am Horizont erscheint.

Nicht immer verschlafen die Fischotter den ganzen Tag. Im Norden Europas, aber auch in Rumänien werden einzelne Individuen in den Wintermonaten gelegentlich tagsüber gesichtet, in Schottland auch im Sommer (Green et al. 1984). Im Alpenraum machen die Tiere vor allem im Juli und August hin und wieder tagsüber einen Ausflug, der wenige Minuten bis zu einer Stunde dauert. Danach kehren sie meist in dasselbe Versteck zurück (Stephani 2012; pers. Beob. I. Weinberger).

Mehrheitlich handelt es sich dabei um Jagdgänge (Green et al. 1984; Beja 1996b). Aber auch ein Hochwasser, eine Störung oder im Sommer die Überhitzungsgefahr können die Tiere dazu bewegen, ihr Versteck zu verlassen.

10 Fischotter gehen auf die Jagd, wenn die Fische ruhen und daher leichter zu erbeuten sind. An der Meeresküste und zum Teil auch an Binnenseen sind sie deshalb tagaktiv. Auf dem Bild verschlingt der Fischotter einen Aal.

11 An Fließgewässern sind Fischotter vornehmlich nachts unterwegs. Fotofallenbild aus dem Projekt *Lutra alpina*.

11

Einzelgänger mit sozialer Ader

Normalerweise fristen Fischotter ein Dasein als unverträgliche Eigenbrötler. Doch sie kommunizieren rege miteinander. Und wenn es die Umstände erfordern, können sie sich auch zu Gruppen zusammenschließen.

1

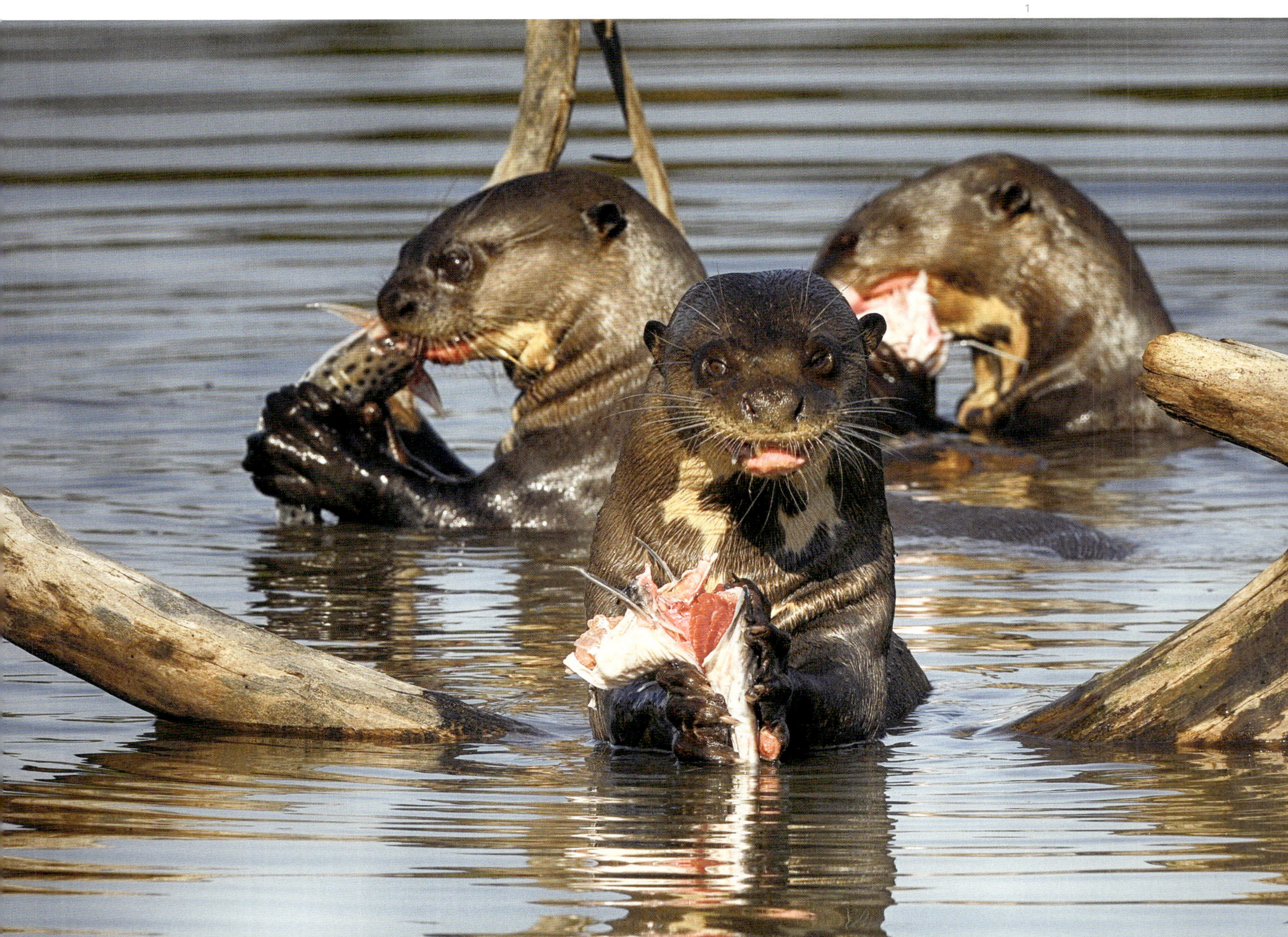

Viele Raubtierarten – namentlich die meisten Musteliden – leben als territoriale Einzelgänger. Jedes ausgewachsene, sesshafte Tier besetzt und verteidigt ein eigenes Revier. Es tut dies, um in den Genuss der alleinigen Nutzung der Ressourcen – Nahrung, Unterschlüpfe, Wurfplätze, Fortpflanzungspartner – zu kommen, die das betreffende Gebiet bietet (Burt 1943). Artgenossen desselben Geschlechts werden, wenn nötig, aggressiv vertrieben, hingegen können die Territorien von Weibchen und Männchen überlappen. Allerdings sind die Tiere – außer zur Paarungszeit – alleine unterwegs.

Doch Grundbesitz ist nicht gratis. Wer ein bestimmtes Gebiet für sich haben will, muss in der Lage sein, Eindringlinge fernzuhalten. Das kostet Zeit und Energie – und ist auch nicht immer ungefährlich. Je größer ein Territorium ist, desto höher ist der Aufwand für die Verteidigung. Reviere sind deshalb in der Regel nur so groß, dass sie dem Inhaber oder der Inhaberin das Überleben sichern.

Vorhergehende Doppelseite:
Die meisten Raubtiere leben als Einzelgänger – so auch mehrheitlich der Fischotter.

1 Der Riesenotter gehört zur Minderheit der sozial lebenden Raubtiere.

Gemeinsam stark

Nicht alle Raubtierarten sind eigenbrötlerisch. Einige leben in Gruppen, die in der Regel aus Familienmitgliedern bestehen. Gemäß der Resource Dispersion Hypothesis (RDH) von David Macdonald formieren Raubtiere Gruppen, wenn die benötigten Ressourcen in einem Gebiet räumlich und zeitlich ungleichmäßig verteilt, lokal aber in hohen Mengen verfügbar sind. Das ist zum Beispiel dann der Fall, wenn es reichlich Nahrung gibt, aber bloß punktuell an weit verstreuten Stellen – mal da, mal dort. Ein Tier, das jederzeit satt werden will, müsste in diesem Falle ein sehr großes Territorium verteidigen, welches aber genug Ressourcen für mehrere Individuen bietet. Es ist unter diesen Umständen deshalb sinnvoller, sich mit anderen zu einer Gruppe zusammenzuschließen und die Kosten für die Revierverteidigung zu teilen (Macdonald 1983).

Bei den Raubtieren ist das Gruppenleben aber eher die Ausnahme: Nur etwa 10 bis 15 Prozent aller Arten sind sozial (Johnson et al. 2000). Zu ihnen gehören mehrere Otterarten (siehe auch Seite 18 ff).

2 Gemeinsame Mahlzeit: Im Familienverbund lässt sich der Schmaus am besten schmecken. Doch auch erwachsene Tiere scheinen an der Gesellschaft von Artgenossen nicht immer abgeneigt zu sein.

Einzelgänger Fischotter

Nicht so der Eurasische Fischotter. Er lebt im Normalfall als strikter Einzelgänger. Jedes Tier – Männchen oder Weibchen – etabliert sein eigenes Territorium, das es gegen gleichgeschlechtliche Artgenossen überaus aggressiv verteidigt.

Indessen ist die Art bezüglich Sozialverhalten für Überraschungen gut. Bereits in den 1960er-Jahren berichtete Sam Erlinge von mehreren wohl nicht verwandten schwedischen Fischottern, die sich im Winter an 4–5 Kilometer langen Bachabschnitten gemeinsam aufhielten (Erlinge 1967). Auch die langjährige Otterforschung an der Küste der Shetland Islands zeigte ein von der Lehrmeinung abweichendes Bild. Hans Kruuk und Andrew Moorhouse beobachteten hier Weibchen, die Gruppenterritorien bildeten. Jeweils mehrere Individuen, die jedoch vermutlich miteinander verwandt waren, teilten sich Reviere von 4,7–14 Uferkilometern Länge. Fremde Weibchen wurden umgehend vertrieben. Die interne Geselligkeit hatte jedoch ihre Grenzen: Die Tiere gingen sich innerhalb des Gruppenterritoriums stets aus dem Weg und jagten in individuellen Kernzonen, die manchmal aus einem bloß 350 Meter langen Küstenabschnitt bestanden (Kruuk & Moorhouse 1991). Eine ähnliche soziale Organisation wurde bei Fischottern an der Küste der Isle of Mull sowie in einem schottischen See beobachtet (siehe Kruuk 1995).

Das Nahrungsangebot macht sozial

Was veranlasste die sonst solitär lebenden Wesen dazu, Gruppenterritorien zu bilden? Am besten untersucht wurde die Verteilung von Ressourcen und Territorien an der schottischen Meeresküste. Hier kommen Fischotter nur in Gebieten vor, in denen sie Zugang zu Süßwasser haben, welches sie benötigen, um nach einem Tauchgang ihr Fell zu entsalzen (siehe auch Seite 58f). Entlang der Westküste der Shetland Islands sind Süßwasservorkommen ausreichend vorhanden und auch einigermaßen gleichmäßig verteilt. Anders sieht es hingegen mit den beutereichen Jagdgewässern aus: In den Buchten schwankt das Nahrungsangebot saisonal. Im Sommer sind sie besonders fischreich, im Winter ziehen sich einige Fischarten jedoch in die tieferen Gewässer zurück. Damit Fischotter überleben können, müssen sie im Winter daher auch in den exponierten Küstenbereichen jagen, auch wenn sie die ruhigen Buchten bevorzugen.

2

Dadurch verändert sich auch ihr Beutespektrum: Bejagt werden im Winter vorwiegend größere Arten wie Dorsche *(Gadus morhua)* und Meeraale *(Conger conger)* (Kruuk & Moorhouse 1990). Damit sie über das ganze Jahr genug zu futtern haben, brauchen die Fischotter sowohl exponierte Küstenabschnitte wie auch geschützte Buchten. Doch beides finden sie auf den Shetland Islands nicht auf kleinem Raum. Ein einzelnes Tier muss sich demnach über einen großen Küstenbereich bewegen können, der aber Nahrung, Tagesverstecke und Süßgewässer für mehrere Individuen bereitstellt. Es lohnt sich somit, den Lebensraum gruppenweise zu nutzen. Die gemeinsame Verteidigung des Territoriums gegen gruppenfremde Tiere sorgt dafür, dass das Beuteangebot nicht übernutzt wird. Die räumliche Organisation der Otterweibchen entspricht hier ganz dem RDH-Modell (Kruuk & Moorhouse 1991).

Vielleicht gibt es gar keine strikte Trennung zwischen der sozialen und der einzelgängerischen Lebensweise. Vielmehr könnte es sich dabei um ein Kontinuum handeln, an dessen Enden jeweils Einzelgänger resp. Gruppen stehen (Kruuk & Moorhouse 1991). Denn manchmal sind die Grenzen zwischen Einzel- und Gruppenleben fließend, und zuweilen finden sich beide Muster bei derselben Art. Das gilt beispielsweise für den Dachs (Kruuk 1978).

3 Je mehr Fischotter in einem Gebiet leben, desto stärker ist die Konkurrenz um Reviere. Die territorialen Auseinandersetzungen nehmen dabei zu und werden heftiger.

Kämpfe

Nebst sesshaften Fischottern, die ein Territorium für längere Zeit oder gar über ihr ganzes Leben besetzen, gibt es in jeder Population auch Wanderer (Kruuk 1995). Weiträumig unterwegs sind namentlich Subadulte auf der Suche nach einer Bleibe. Sie betreten zwangsläufig immer wieder besetzte Territorien. Dabei riskieren sie unliebsame Begegnungen mit dem Besitzer oder der Besitzerin. Bei territorialen Auseinandersetzungen kann es rabiat zugehen. Beobachtungen von heftig kämpfenden Ottermännchen zeugen davon (Erlinge 1968b).

Offenbar nehmen die Auseinandersetzungen zu, wenn der Bestand in einem Gebiet steigt und sich damit die Konkurrenz um den Lebensraum verschärft. Dies ergab eine Langzeitstudie in England: 379 Fischotter, die man in den Jahren 1988 bis 2006 tot aufgefunden hatte, wurden dabei untersucht. In diesem Zeitraum nahm die Population stark zu. Parallel dazu stieg der Anteil der Tiere mit Bissverletzungen. Zu Beginn der Studie lag er bei 16 Prozent, 2005 waren es bereits 53 Prozent (Simpson 2006). Man fand Bisswunden am Gesicht, in der Bauchregion und an den Hoden – bis hin zur Kastration. Zum größten Teil waren die Kämpfe aber nicht tödlich. Doch die Auseinandersetzungen mit Todesfolge nahmen im Verlauf der Langzeitstudie zu: Zwischen 1988 und 1997 waren Bisse bei 6,3 Prozent der untersuchten Tiere die Haupttodesursache, im Zeitraum von 2000 bis 2003 lag dieser Anteil bei 14 Prozent. Zu Beginn der Studie wiesen die Männchen doppelt so häufig Bissverletzungen auf wie die Weibchen. Doch mit zunehmender Populationsdichte glich sich der Unterschied zwischen den Geschlechtern aus. 2005 waren Männchen und Weibchen gleichermaßen betroffen (Simpson 2006).

Stammen die Wunden bei den weiblichen Tieren von Territorialkämpfen gegen andere Weibchen? Verteidigen die Weibchen ihre Jungen gegen Männchen buchstäblich bis aufs Blut? Man weiß es nicht: Die Auseinandersetzungen spielen sich außerhalb unseres Sichtbereichs im Dunkeln ab.

Gewiss ist hingegen, dass auch Jungtiere nicht verschont bleiben. Zwar verkeilen sie sich beim Spielen zuweilen und beißen einander in den Kopf, doch die schwerwiegenden Verletzungen, die in der englischen Studie 15 bis 40 Prozent der untersuchten Jungtiere aufwiesen, dürften ihnen erwachsene Fischotter zugefügt haben (Simpson 2006). Wie, wo und warum dies geschah und ob es unterschiedliche Toleranzgrenzen in verschiedenen Lebensräumen gibt – das sind alles offene Fragen.

Rendezvous

Indessen führt längst nicht jede Begegnung zu einem Kampf. Telemetriestudien im Mittelmeerraum und in den Alpen zeigten, dass einzelnen Tieren die Gesellschaft anderer Fischotter durchaus willkommen ist. Dabei handelt es sich meistens um die Weibchen und Männchen, die überlappende Territorien nutzen und sich auch außerhalb der Paarungszeit gelegentlich treffen. Derartige Rendezvous konnten im Projekt *Lutra alpina* (siehe Seite 209) immer wieder beobachtet werden. So zum Beispiel zwischen *Hans* und *Gessa*. Das Territorium von *Gessa* maß 15 Kilometer Flusslänge und lag fast komplett im 23 Kilometer langen Revier von *Hans*. Das Männchen schien die Gesellschaft von *Gessa* überaus zu schätzen. Die Zuneigung beruhte anfänglich nicht auf Gegenseitigkeit: Bei den ersten Begegnungen fauchte das Weibchen *Hans* wütend an, doch mit der Zeit schien sie sich für ihn zu erwärmen. In der Folge verbrachten die zwei immer wieder mehrere Minuten bis Stunden im selben Flussabschnitt, wo sie jagten oder ruhten. Auch verschliefen sie bis zum Ende der Studie wiederholt den Tag im selben Versteck oder an zwei unmittelbar angrenzenden Schlafplätzen (Weinberger 2016).

In Portugal führte Lorenzo Quaglietta die bisher einzige Studie durch, die Telemetriedaten mit genetischen Analysen kombinierte. Dabei fand er zwei Männchen, die ein gemeinsames Territorium besaßen. Allerdings ist dies wohl ein Ausnahmefall; die beiden waren Brüder, und als der dominantere der beiden die Geschlechtsreife erreicht hatte, war es mit dem Frieden auch vorbei (Quaglietta et al. 2014).

Kommunikation mit Kot

Fischotter kommunizieren intensiv. Ihr wichtigstes Medium ist der Kot.

Vorhergehende Doppelseite:
Was gibt's Neues? Interessiert beschnüffelt dieser Fischotter die Markierung eines Artgenossen.

1 A: Frischer Kot ist glänzend und feucht. Mit der Zeit wird er grau, trocknet und verfällt.
B: Ist der Darm leer, markieren die Fischotter mit «Fischottergelee», einem Sekret, das im Darm gebildet wird.

Fischotterlosung verströmt einen typischen, auch für Menschen gut wahrnehmbaren Geruch, für den es kein passendes Adjektiv gibt. Entfernt erinnert er an Honigduft, Jasminblüten oder frisch geschnittenes Gras (Schmied 2005). Die Stoffe, von denen dieser Otterduft ausgeht, entstammen den zwei Analdrüsen, die fast alle Marderartigen besitzen. Geruchlich unterscheiden sich die Arten jedoch extrem: Bei den einen riecht die Losung angenehm wie beim Fischotter oder beim Baummarder, andere sind widerliche Stinker wie der Dachs oder der Iltis.

Ein Fischotter kotet täglich mehrmals und kann so viele Marken setzen (Carss et al. 1998). Aber auch wenn der Darm leer ist, kann er noch markieren: Er sondert dann eine Portion «Fischottergelee» ab, ein Sekret, das im Darm selbst gebildet wird, aussieht wie Sülze und ebenfalls stark riecht.

Es wird vermutet, dass neben der Losung auch der Urin Informationen enthält. Wiederholt wurden Fischotter beobachtet, die über ihre Losung urinierten (Kruuk 2006).

Lieblingsplätze für die Markierung

Die Fischotterlosung ist meist schwarz bis grau, manchmal ein zähflüssiger Brei, manchmal walzenförmig und bis 5 Zentimeter lang. Beliebte Losungsplätze sind auffällige Felsblöcke und größere Steine am Gewässerrand, Sandbänke, Zusammenflüsse zweier Bäche und Bäume. Sehr oft wird die Losung auch unter Brücken deponiert.
An Meeresküsten finden sich Kotmarken vielfach in der Nähe von Süßwassertümpeln, bei Erdhöhlen, in denen die Fischotter ruhen, an der Spitze von Landzungen oder an prominenten Stellen an der Küste.

A

B

1

Geruchliche Markierungen sind ein häufiges Phänomen im Tierreich. Einerseits wird so der Zusammenhalt einer Gruppe gestärkt, andererseits vermeiden Individuen von einzelgängerischen Arten damit Streitereien mit Konkurrenten (siehe Kean et al. 2011). Über Markierungen werden zudem Informationen über Sozialaspekte wie Partnerwahl, elterliche Fürsorge oder gar Krankheitsübertragungen bekanntgegeben. Zwar können solche Auskünfte auch optisch oder akustisch vermittelt werden, doch wird bei Säugetieren häufig über den Geruch kommuniziert (Brennan & Kendrick 2006).

Was der Kot verrät

Fischotterlosung ist auch für Menschen leicht zu finden. Seit Langem nutzt man sie denn auch für das Monitoring von Fischotterpopulationen, die Kartierung der Verbreitungsgebiete (Reuther et al. 2000) sowie für Analysen des Nahrungsspektrums (Krawczyk et al. 2016). «Spraintology» ist der englische Begriff für die wissenschaftliche Beschäftigung mit «spraint», wie die Fachwelt die Otterlosung bezeichnet. Es ist eine wichtige Disziplin der Otterforschung, denn die Losung verrät viel über die Urheber.

Doch was teilt ein Fischotter damit seinen Artgenossen mit? Es geht wohl um viel mehr als um die Markierung des Territoriums (Kruuk 2006). Denn je nach Jahreszeit deponieren die Tiere unterschiedlich häufig Kotmarken

2

2 Es muss nicht immer Losung sein: Ein Fischotter inspiziert eine Kamera.

(siehe auch Seite 204). In Phasen geringer Markierungsaktivität entleeren sie den Darm einfach ins Wasser. Offenbar haben sie dann gerade keine Mitteilungen zu machen.

Bei den Fischottern an der Küste der Shetland Islands, wo die weiblichen Tiere Gruppenterritorien besetzen, beobachtete Hans Kruuk, dass sie ihre Losung häufig bei Ebbe in der Gezeitenzone deponierten. Und sie taten dies meist vor oder nach einer Mahlzeit oder einem Tauchgang. Die so übermittelte Botschaft war deshalb nur kurze Zeit lesbar – bis zur nächsten Flut. Möglicherweise wollte die Urheberin damit anderen Gruppenmitgliedern bekanntgeben, dass sie da gerade am Jagen war oder kurz zuvor gejagt hatte – und es deshalb an dieser Stelle weniger zu holen gab als anderswo. Die nächste Flut schwemmte dann wieder ausreichend Fische ein und löschte die nicht mehr aktuelle Botschaft (Kruuk 1992). Die Markierung des gerade genutzten Jagdgebiets war für beide von Vorteil: für das Weibchen, das gerade am Jagen war, ebenso wie für die Adressatin, die dies am betreffenden Ort nur mit eher geringen Erfolgschancen ebenfalls hätte tun können. Solche Mitteilungen sind namentlich in kargen Zeiten wichtig. Tatsächlich markierten die Fischotter an der Küste der Shetland Islands das momentane Jagdgebiet im Winter und Frühling, wenn das Beuteangebot eher knapp ist, besonders häufig. Umgekehrt war im Sommer, wenn Überfluss herrschte, die Markierungsakitvität gering (Conroy & French 1987; Kruuk et al. 1988).

432 Geruchsstoffe

In einer Studie in England und Wales wurde das Analsekret von 158 tot gefundenen Fischottern untersucht. Es zeigte sich, dass bereits dessen Farbe etwas mitteilen kann: Das Sekret von erwachsenen Tieren war generell dunkel bis braun, bei Jungtieren war es hingegen hell (Kean et al. 2011). Auch die Größe der Losung kann etwas über das Alter des Urhebers aussagen: Jungtiere haben normalerweise die größten Losungen, gefolgt von den Weibchen; Männchen produzieren die kleinsten Portionen (Kruuk 2006). Es mag sein, dass die Männchen in ihren großen Revieren mehr markieren als die Weibchen, während Jungtiere schlicht und einfach Kot absetzen. Doch ist wenig bekannt, ab welchem Alter Fischotter markieren. Berichte von Jungtieren in Gefangenschaft weisen auf erstes Markierverhalten im Alter von 5–8 Monaten hin (Polotti et al. 1995).

3 Ein Fischotter kotet häufig und hinterlässt so täglich mehrere Botschaften.

4 An einer Kotmarke schnüffelnder Fischotter. Das Bild wurde von einer Fotofalle aufgenommen, die an einer Markierungsstelle in der Steiermark installiert war.

Verursacher des Losungsgeruchs sind leichtflüchtige organische Stoffe (volatile organic compounds, VOC). Bei der oben erwähnten britischen Studie wurden über 432 VOCs in den Sekreten nachgewiesen. Der häufigste Stoff war Benzaldehyd, eine aromatische Verbindung, die nach Bittermandeln riecht (Kean et al. 2011).

Jasmin- und Akazienduft

Aufgrund der chemischen Zusammensetzungen des Analsekrets ließ sich feststellen, ob die Losung von einem Weibchen oder einem Männchen stammte. Selbst laktierende oder trächtige Weibchen konnten als Urheberinnen einwandfrei bestimmt werden. Den Unterschied zwischen einem Jungtier und einem erwachsenen Fischotter können manchmal sogar Menschen riechen: Bei letzteren riecht die Losung wie altes Öl oder süßlich, bei Jungtieren stinkt sie eher nach Kot und zeigt den typischen Otterduft weniger ausgeprägt. Der Grund dafür ist der Stoff Indol. Er ist beispielsweise im

3

4

Jasminblütenöl oder in der Robinie *(Robinia pseudoacacia)* enthalten und verströmt in geringen Konzentrationen einen aromatischen Blütenduft. Doch wehe, wenn er in hohen Dosen auftritt: Dann nimmt Indol den Geruch von Fäkalien an. Genau das ist auch der Fall beim Fischotter. Bei Jungtieren ist der Gehalt von Indol in der Losung hoch, bei Alttieren findet sich diese Substanz hingegen bloß in minimaler Konzentration (Kean et al. 2011). Noch unklar ist, ob und wie die Nahrung oder der Hormonhaushalt eines Individuums Einfluss auf die chemische Zusammensetzung des Analsekrets hat.

Individueller Geruch

Eleanor Kean ging auch der Frage nach, ob jedes Tier einen eigenen Losungsgeruch hat. Dem ist tatsächlich so: 42 Prozent der Variation in der Zusammensetzung der VOCs in der Losung sind individuell geprägt. Das deutet darauf hin, dass sich Fischotter untereinander am Geruch der Markierung erkennen können (Kean et al. 2015). Mehr noch: Die Zusammensetzung der VOCs lässt auch auf die Verwandtschaft rückschließen: Wer ähnlich riechende Losung produziert, ist eher verwandt. Es gibt daher auch regionsspezifische Duftnoten: Eine weitere Studie aus dem Labor von Elisabeth Chadwick zeigte, dass sich der Geruch der Analsekrete zwischen den

5 Akustische Kommunikation: Rufender Jungotter (rechts) mit Muttertier (links).

Subpopulationen in England und Wales signifikant unterscheidet, und dies sowohl bei dem der Weibchen wie auch bei dem der Männchen (Kean et al. 2017).

Durch den Losungsduft erfahren Fischotter vieles: Wer sich alles in der Nacht herumtreibt, ob man die Eltern des neuen Männchens in der Region kennt und ob die Nachbarin noch mit ihren Jungtieren unterwegs ist. Sehr gut möglich ist, dass die Tiere über die Losung auch eine Infektion oder einen starken Parasitenbefall verraten. Diese körperliche Schwäche könnte von anderen Fischottern auf Territoriumssuche ausgenutzt werden.

Geschnüffel und Gemecker

Mit neueren genetischen Methoden lassen sich die Urheber von Fischotterlosung individuell bestimmen. Interessant ist, dass einzelne Markierungsstellen oftmals von mehreren Tieren aufgesucht werden (Martin et al. 2017). Während es an Fließgewässern wohl nur einige wenige Individuen sind, die am selben Ort markieren, können es in Teich- und Seenlandschaften bis zu 12 Tiere sein, wie eine Studie im Gebiet der Mecklenburgischen Seenplatte zeigte (Kalz et al. 2006). Dies beweist, dass die einzelgängerischen Fischotter sich sehr wohl für ihre nahen und entfernteren Nachbarn interessieren und über sie Bescheid wissen.

Kot ist nicht das einzige Medium, über das sich Fischotter austauschen. Kommuniziert wird auch akustisch, und dies lautstark: Die Sprache der Fischotter kennt verschiedene Laute. Es wird gekeckert, gemeckert und getrillert (Gnoli 1995). Zuweilen hört man die Tiere pfeifen, miauen, schnurren und grunzen. Erst seit Kurzem beginnt die Wissenschaft, die unterschiedlichen Laute einem Verhalten zuzuordnen. Doch wer schon einmal das Fauchen eines Fischotters aus einem Tagesversteck gehört hat, versteht diese Botschaft auch ohne Forschung.

5

Kurzes Leben

Die meisten Fischotter sterben jung – in Europa mehrheitlich nicht eines natürlichen Todes.

Fischotter können alt werden. Ein weiblicher Methusalem in der freien Wildbahn war die Otterin, die im Alter von 16 Jahren in Schottland dem Straßenverkehr zum Opfer fiel (Kruuk 2006). Doch sie ist ein extremer Ausnahmefall, denn der Tod kommt früh in der Fischotterwelt (Ansorge et al. 1997). Im Durchschnitt werden freilebende Tiere gerade mal 4 Jahre alt; mehr als die Hälfte erreicht nicht einmal das 2. Lebensjahr (Sherrard-Smith & Chadwich 2010). Am gefährlichsten sind die ersten Lebenswochen: Rund 30 Prozent der Welpen sterben bereits im Wurfbau (siehe auch Seite 84).

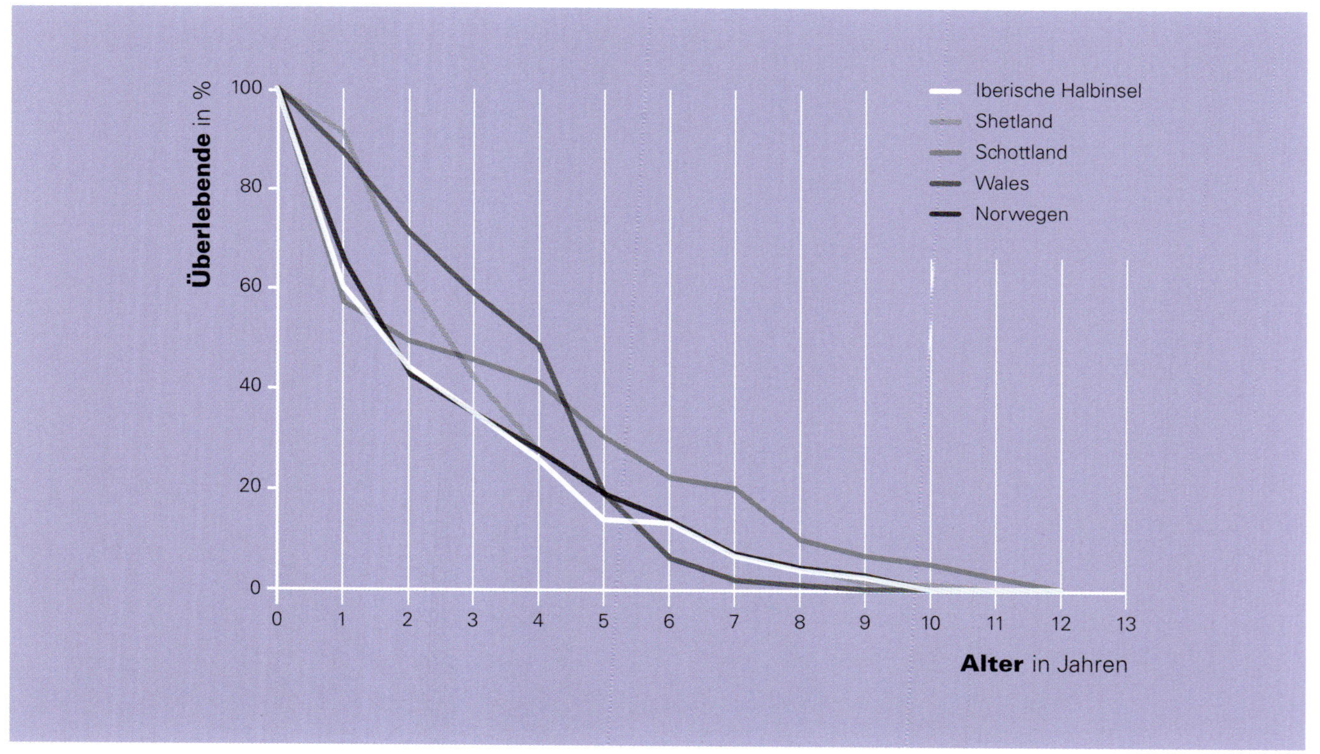

1

Saisonaler Hungertod

Vorhergehende Doppelseite: Wild, gefährlich und rasch vorbei: Das Leben der Fischotter.

1 Überlebensrate von Fischottern in verschiedenen Gebieten Europas: Vor allem in jungen Jahren ist die Sterblichkeit hoch.

Nur selten wird ein verhungerter Fischotter gefunden. Dies täuscht darüber hinweg, dass die Tiere in einem prekären Energiegleichgewicht gefangen sind (siehe auch Seite 74 f). Mangels Fettreserven sind sie auf ihren täglichen Fisch angewiesen. Bleibt die Mahlzeit aus, geht es rasch bergab. Man nimmt deshalb an, dass Nahrungsmangel die häufigste natürliche Todesursache ist.

Der Hungertod lauert in den nördlichen Regionen vor allem im Winter und im zeitigen Frühling. Jetzt müssen die Fischotter besonders viel fressen, um den Wärmeverlust bei den kalten Wassertemperaturen zu kompensieren (Kruuk et al. 1988). Verschärft wird die Situation in Gebieten, in denen die stehenden Gewässer zufrieren. Die darin lebenden Beutetiere sind dann nicht mehr erreichbar: Zum höheren Energiebedarf kommt dann noch die saisonale Nahrungsknappheit.

In Deutschland werden fast 90 Prozent aller verhungerten Fischotter zwischen Dezember und März gemeldet (Hauer et al. 2002b). In den Küstengebieten ist die natürliche Sterblichkeit hingegen zwischen März und Mai erhöht (Kruuk & Conroy 1991; Kruuk 1995; Ruiz-Olmo et al. 1998). Just dann sind die Fischbestände niedrig oder schlecht zugänglich (Kruuk & Moorhouse 1990).

Nahrungsmangel führt nicht sofort zum Tod, doch hat er schnell gesundheitliche Konsequenzen: Zu wenig Nahrung schwächt das Immunsystem. Hungrige Tiere werden dann anfällig für Krankheiten und Parasiten. Gehen die Fischotter daran ein und landen auf dem Seziertisch, werden Lungenentzündungen, bakterielle und virale Infektionen oder Pilzbefall als Todesursache diagnostiziert – auch wenn zu Beginn der Hunger stand.

Verbissen

Wolf, Seeadler, Fuchs und Marderhund sind natürliche Feinde. Doch ausgewachsene Fischotter sind äußerst wehrhaft; sie werden nur selten von anderen Raubtieren ernsthaft verletzt oder gar getötet. In einer Studie in Sachsen-Anhalt wiesen gerade mal 5 Prozent der untersuchten Fischotter artfremde Bissverletzungen auf (Weber & Trost 2015). Eine echte Gefahr sind hingegen Hunde, zumindest für Jungtiere. Ein Zusammentreffen endet für Letztere meist tödlich (Simpson 2006).

2 Zu Tode gebissen: Meist war ein Artgenosse der Täter.
3 Das Überleben dieser Laus hängt vom Eurasischen Fischotter ab: Fischotter-Haarling *(Lutridia exilis)*.

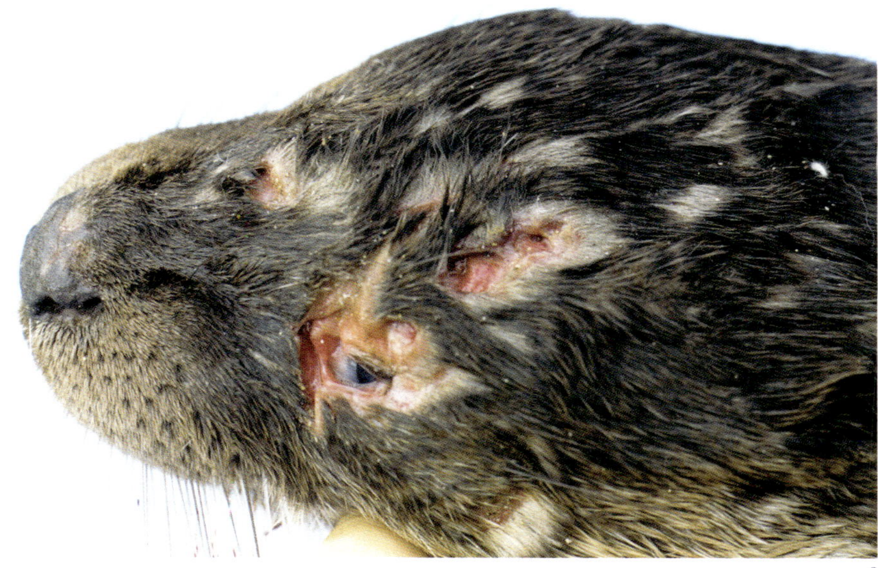
2

Weitaus öfters als gegen Raubfeinde kämpfen Fischotter aber gegen Artgenossen (siehe auch Seite 130 f). Selbst wenn die meisten Auseinandersetzungen nicht direkt tödlich enden, können die anschließenden Wundinfektionen zum Tod führen (Simpson 2006, 2007).

Krankheiten und Parasiten

Fischotter scheinen relativ gesund zu sein (Simpson 1997). Bei der Obduktion tot aufgefundener Tiere werden indessen immer wieder Krankheiten wie Lungenentzündungen und Lebergeschwülste, aber auch Darm- und Magenblutungen festgestellt. Auch Pilzinfektionen können zum Tod führen (Simpson 2000). Vielfach sind es solche sekundären Infektionen, die einem bereits geschwächten Tier den Rest geben.

Fischotter sind Wirte diverser Parasiten. Einer davon ist der Leberegel *Pseudoamphistomum truncatum*. Er wird über Schnecken und Fische aufgenommen. Einmal gefressen, befällt er die Leber und kann bei verschiedenen Arten – so auch beim Menschen – zu einer Zirrhose führen. Nicht jedoch beim Fischotter: Bisher wurde noch bei keinem eine Leberzirrhose gefunden. Dennoch scheint sich der Befall durch Leberegel unschön auf das Leben des Wirts auszuwirken: Bei toten Fischottern ist Leberegelbefall häufig mit ernsthaften Bissverletzungen durch Artgenossen verbunden. Es wird vermutet, dass der Parasit die Fischotter schwächt und sich dies in der Nachbarschaft herumspricht (siehe auch Seite 140). Das kranke Tier wird dann möglicherweise vermehrt zu Territorialkämpfen herausgefordert (Simpson et al. 2009).

Auch Wurmparasiten finden sich gelegentlich in den Därmen verstorbener Fischotter: Kratzwürmer, Nematoden oder Bandwürmer. Einige sind otterspezifisch, wie die beiden Saugwurmarten *Eucoleus schvalovoj* und *Strongyloides lutrae*. Die meisten Parasiten beeinträchtigen den Wirt aber wohl nur bedingt.

Die Parasitenwelt der Fischotter ist ein eigener kleiner Kosmos. Die artenmäßige Zusammensetzung variiert mit dem Lebensraum: An den Küsten treten andere Parasiten auf als an Fließgewässern, und Fischotter in Spanien haben andere Würmer als ihre Artgenossen in Ostdeutschland (Torres et al. 2004). Ein eigenartig anmutender Rekord kommt aus Weißrussland: In etwas mehr als 25 Fischottern wurde hier die doch stattliche Anzahl von 15 verschiedenen Plattwurmarten gefunden (Shimalov et al. 2000).

Nur selten werden Fischotter von Ektoparasiten belästigt: Gegen Zecken schützt sie das dichte Fell recht gut. Vor allem am Kopf – speziell an den Ohren – können sich die Zecken aber dennoch niederlassen. In einer deutschen Studie an 541 tot geborgenen Fischottern wiesen immerhin fast 9 Prozent einen Zeckenbefall mit insgesamt drei verschiedenen Arten auf: *Ixodes hexagonus, I. canisuga* und *I. ricinus*. Pro Tier fanden sich durchschnittlich 8 Zecken, das am stärksten befallene Individuum hatte 77 Blutsauger in seinem Fell (Axel 2012).

Artspezifisch ist der Fischotter-Haarling *Lutridia exilis,* eine Laus. Sie ist aber alles andere als häufig: Bei mehr als 150 toten Ottern, die von Wissenschaftlern des Britischen Nature Conservation Council nach Ektoparasiten abgesucht wurden, fand sie sich nur bei einem einzigen Tier im Fell. Der Zusammenbruch der britischen Fischotterpopulationen hat dieser Laus zugesetzt. Womöglich ist sie – so fürchten besorgte Lausforscher – heute selbst eine gefährdete Art (Ròzsa 1993).

3

Todesursache Nummer 1: Der Straßenverkehr

Wahrscheinlich stirbt nur eine Minderheit der Fischotter eines natürlichen Todes. Viel bedeutender ist die zivilisationsbedingte Sterblichkeit. Als Todesursache Nummer 1 gilt in Europa der Straßenverkehr (Hauer et al. 2002b). Die großen Streifgebiete der Tiere sind mit ein Grund dafür. Auf ihren nächtlichen Streifzügen legen Fischotter viele Kilometer zurück – und müssen dabei unweigerlich Straßen queren. Nimmt der Autoverkehr zu, steigt auch die Kollisionsgefahr. Anschaulich zeigte sich dies im Bundesland Brandenburg, wo die politische Wende im Jahr 1989 das Verkehrsaufkommen wachsen ließ: Die Zahl der überfahrenen Fischotter stieg innerhalb von vier Jahren um 500 Prozent (Dolch et al. 1998). Gegenwärtig werden allein in Deutschland jährlich 150–200 überfahrene Fischotter registriert. Hinzu kommen die angefahrenen Tiere, die sich nach der Kollision noch in ein Versteck zurückziehen können und da von niemandem bemerkt verenden. Auch anderswo sind die Zahlen hoch. Je nach Region sind 40–95 Prozent der tot gefundenen Tiere Opfer des Straßenverkehrs (Ansorge et al. 1997; Simpson 1997; Hauer et al. 2002b; Sherrard-Smith & Chadwich 2010).

Besonders gefährdet sind die Männchen (Reuther 2002a). Häufig verunfallen sie bereits in jungen Jahren auf der Suche nach einem eigenen Territorium (Koelewijn et al. 2010). Doch ist die Gefahr nicht gebannt, wenn sie sesshaft geworden sind: Jetzt riskieren sie bei ihren ausgedehnten Streifzügen auf der Suche nach Weibchen den Tod unter Autorädern. Interessant – wenn auch noch nicht verstanden – ist das zeitliche Muster: In einigen Regionen ist das Unfallrisiko zwischen September und Dezember am höchsten (Zinke 1998; Červinka et al. 2015). Ob dies mit dem Gewässerstand zusammenhängt? In England konnte eine Häufung der Straßenopferzahl während Hochwasserperioden beobachtet werden (Simpson 1997).

Die hohe Sterblichkeit auf den Straßen bleibt nicht ohne Folgen für die überregionale Populationsdynamik. Wenn Territorien immer wieder frei werden, ist der Abwanderungsdruck gering. Die Wiederausbreitung und die langfristige Etablierung des Fischotters in noch unbesiedelten Gebieten Europas werden dadurch verlangsamt.

4 40–95 % der tot gefundenen Fischotter starben im Straßenverkehr.

5 Ertrunken in einer Reuse.

6 Zeugnisse der Wilderei: Röntgenbilder von toten Fischottern mit Schrot (helle Kügelchen) im Schwanz (oben) und am Kopf (unten).

Ertrinken in Reusen

Manche Fischotter ertrinken jämmerlich in Reusen. Gebietsweise stammen bis zu 10 Prozent der Totfunde aus solchen Fischfallen (Reuther 2002b). Ein trichterförmiger Eingang bewirkt, dass die einmal hineingeschwommenen Tiere nicht wieder hinausgelangen. Reusen werden in Seen, im Meer und gelegentlich auch in großen Fließgewässern eingesetzt.

Früher waren die Reusen aus natürlichem Material geflochten. Der eine oder der andere Fischotter, der in die Falle geraten war, konnte sich aus ihnen freibeißen. In den modernen Reusen aus Kunststoff sind die Tiere hingegen chancenlos.

In England wurden im Zeitraum von 1975 bis 1984 insgesamt 89 ertrunkene Fischotter registriert. Das war wahrscheinlich nur die Spitze des Eisbergs, denn es ist anzunehmen, dass ein beträchtlicher Teil der Reusenopfer gar nicht gemeldet wurde. Diese Verluste gefährdeten die damals ohnehin schon stark dezimierten Otterpopulationen Englands (Vincent Wildlife Trust 1988). Auch anderswo schreckten die Zahlen auf: In Dänemark, Finnland und Frankreich war der Tod in Reusen zeitweise gar häufiger als auf der Straße (Lodé 1993; Reuther 1993).

5

Illegale und legale Jagd

In fast ganz Europa ist der Fischotter seit vielen Jahren geschützt. Die illegale Jagd ist jedoch ein Sterblichkeitsfaktor geblieben (Zinke 1998). Fischotter werden in Fallen gefangen oder geschossen. Nicht immer ist ein Schuss aus der Schrotflinte tödlich. Pathologen finden immer wieder überfahrene Tiere mit Schrotkugeln im Körper.

In den vergangenen Jahren ist mit den zunehmenden Beständen auch der Druck der Fischerei auf die Politik gewachsen, Otterabschüsse zuzulassen. Vor Kurzem wurden Ausnahmeregelungen zur Entnahme einer bestimmten Anzahl von Tieren in Österreich umgesetzt (siehe auch Seite 226).

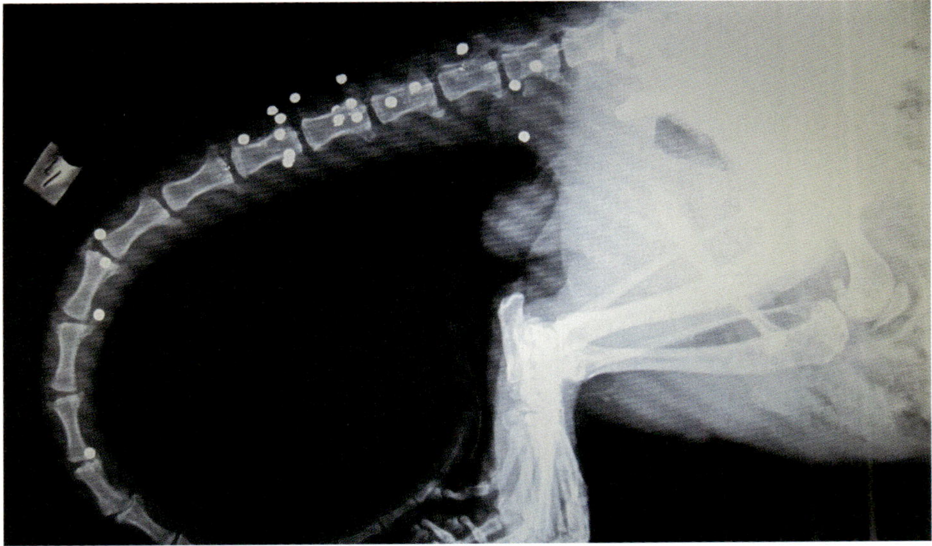

6

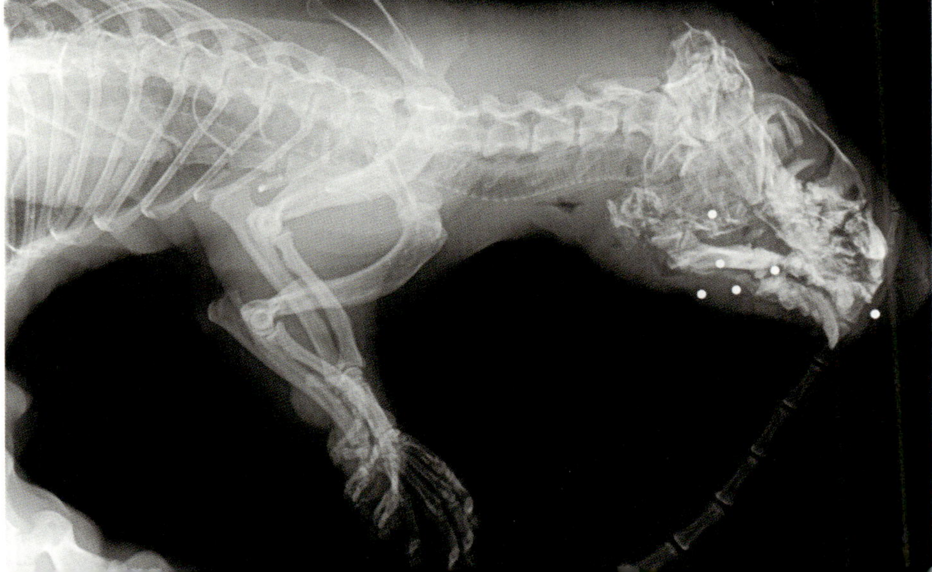

«Tod dem Otter!»

Der Abschied war kurz: Noch Ende des 19. Jahrhunderts bewohnte der Fischotter nahezu alle Feuchtgebiete und Gewässersysteme Europas. Ein paar Jahrzehnte später war er eine Rarität. Der Hass auf den Fischräuber, der Umbau der Gewässerlandschaft und Umweltgifte hatten die Art in weiten Teilen Europas zum Verschwinden gebracht.

A

B

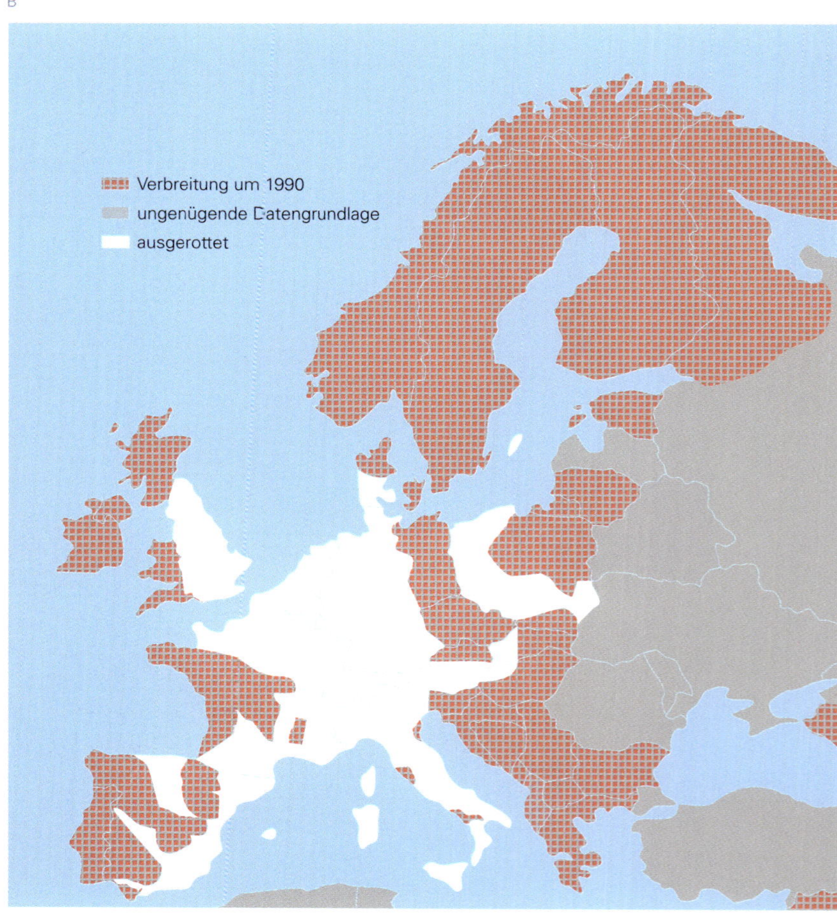

1

Ab Mitte des 20. Jahrhunderts meldete ein europäisches Land nach dem anderen den lokalen oder nationalen Verlust des Fischotters. Um 1980 gab es gesunde Vorkommen bloß noch entlang der Atlantikküste im Westen und in Irland sowie im Osten und Norden Europas. Doch auch da waren die Bestände vielfach rückläufig und teils mehr oder weniger akut bedroht. In Mitteleuropa klaffte eine ausgedehnte Verbreitungslücke. In Deutschland existierten vitale Fischotterpopulationen nur noch in der damaligen DDR östlich der Elbe – im Lausitzer Teichgebiet, im Gebiet der Mecklenburger Seenplatte und in den brandenburgischen Auen- und Seenlandschaften im Bezirk Frankfurt an der Oder. Der gesamte Bestand wurde auf 400 bis 800 Tiere geschätzt (Reuther & Festetics 1980). In der BRD waren es noch 250 bis 450 Fischotter. Der Großteil davon lebte in geringer Populationsdichte in den nördlichen Bundesländern Schleswig-Holstein und Niedersachsen. Hinzu kamen Kleinstvorkommen im Bayrischen Wald. Unbestätigte Meldungen von Einzeltieren stammten aus Nordrhein-Westfalen und Hessen. Die übrigen Gebiete Westdeutschlands hatte die Art geräumt (Reuther & Festetics 1980).

Auch Österreich war größtenteils otterfrei. Restvorkommen fanden sich nahezu ausschließlich im niederösterreichischen Waldviertel (Kraus 1980). Möglich, dass einzelne Individuen noch in anderen Bundesländern herumirrten – spärliche, aber unbestätigte Hinweise lassen dies zumindest vermuten (Reuther 1980a).

In der Schweiz war der Bestand bereits in den 1970er-Jahren auf etwa ein Dutzend Tiere geschmolzen. Die letzten Hinweise kamen aus dem Gebiet des Neuenburgersees. Nach 1989 gab es aber auch dort keine Anzeichen auf Fischottervorkommen mehr (Weber 1990a). Die Art galt daher in der Schweiz als ausgestorben.

Was hatte dem Fischotter den Garaus gemacht? Viele Untersuchungen befassten sich mit den Gründen für seinen Rückgang. Der allgemeine Konsens lautet, dass sich verschiedene Faktoren in regional unterschiedlichen Kombinationen und Intensitäten ausgewirkt hatten (Reuther 2004). Als Hauptursachen gelten direkte Verfolgung, Lebensraumveränderungen und Umweltgifte (Reuther & Festetics 1980). Sie waren miteinander verflochten und überlagerten sich auch zeitlich. Zusammen führten sie dazu, dass sich ursprünglich große und zusammenhängende Populationen in lokale Fragmente aufsplitterten. Wo nur wenige Individuen übrig blieben, wurde das Überleben zu einer Frage von Glück und Pech.

Vorhergehende Doppelseite: Siesta nach der Otterjagd: Holzstich aus einer illustrierten Zeitschrift um 1880.

1 Verbreitung des Fischotters in Europa (a) im 19. Jahrhundert und (b) um 1990.

2 Englischer Jäger mit seinen Otterhunden zu Beginn des 20. Jahrhunderts.

Vor dem Crash

Bis spät ins 19. Jahrhundert war der Fischotter in Europa häufig und weit verbreitet. Man lebte miteinander – und der eine oder andere Mensch nutzte gar die hervorragende Jagdtechnik des Fischjägers: Gezähmte Fischotter trieben die Fische aus den Verstecken, idealerweise direkt ins Netz, oder brachten Fische selbst ans Land. Olaus Magnus, ein schwedischer Bischof, der im 16. Jahrhundert gelebt hatte, beschrieb die Otterfischerei so: «In Schweden haben große Männer Fischotter gezähmt. Wenn ein Koch dem Tier ein Zeichen gibt, hüpft es in den Fischteich und holt einen Fisch der gewünschten Größe heraus. Danach noch einen und einen dritten, bis es so viele geholt hat, wie ihm befohlen wurde».

Auch in Polen, Frankreich, Deutschland und in der Schweiz wurden Fischotter für die Fischjagd abgerichtet – und manchmal gar mit auf die Vogeljagd genommen, um verwundete Enten zu apportieren. Die Otterfischerei war in Europa verbreitet, wenn wohl auch nicht sehr häufig. Noch bis in die späten 1880er-Jahre wurde in Großbritannien mit Fischottern erfolgreich gefischt (Gudger 1927).

Fischotter wurden jedoch auch selber jagdlich genutzt. Ihr dichtes Fell war beim Adel begehrt, auch die eine oder andere Festtagskleidung des gemeinen Volks war mit Otterpelz verziert. Das Fleisch wurde vom Schweizer Naturforscher Friedrich von Tschudi als «äußerst schmackhaft» gelobt (von Tschudi 1861). Weil die katholische Kirche den Fischotter als «Fisch» deklariert hatte, war er als Fastenspeise zugelassen. Man jagte den Fischotter aber auch zum schieren Vergnügen. Vor allem in England wurde die Jagd mit der Meute praktiziert (Kruuk 2006). Die eigens dafür gezüchteten Hunde stöberten den Fischotter auf und hetzten ihn bis zur Erschöpfung. Falls sie ihn nicht schon totgebissen hatten, kam der Otterspeer, eine dreizackige, mit Widerhaken besetzte Harpune, zum Einsatz (Festetics 1980). Erst in den 1960er-Jahren wurde diese Art der Jagd verboten.

Fischzüchter und Fischer sahen im Otter wohl schon immer einen Schädling, den es zu bekämpfen galt. Seit dem 14. Jahrhundert waren spezialisierte Jäger in verschiedenen Ländern am Werk (Weber 2004). In Frankreich hießen sie *Loutriers*. Auch die Stadt Basel stellte 1719 einen Mann mit einem «Otterhündlein» ein. Er sollte die Fischotter in der Umgebung der Stadt dezimieren (Weber 1990a). Insgesamt blieb der Einfluss der damaligen Otterjagd auf die Bestände aber gering.

2

«Der Fischotter mordet um zu morden»

Die Situation änderte sich um 1880. Jetzt eskalierte die bisher weitgehend moderate Jagd zu einem Vernichtungsfeldzug. In ganz Mitteleuropa fing man nun die Fischotter mit Netzen, Hunden und Tellereisen oder köderte sie mit jungen, festgebundenen Ottern. Man schlug sie tot, spießte sie auf, erschoss sie oder versuchte es mit Strychnin und anderen Giften (Festetics 1980). Eine Druckschrift aus den 1880er-Jahren gibt eine Vorstellung von der Stimmung, die damals in Deutschland herrschte: «Deshalb heute, wo noch zahlreiche Otter unsere Gewässer gefährden, vereine Jäger, Fischer und Fänger eine Parole: Tod dem Otter!», heißt es darin (Festetics 1980). In der Schweiz tönte es ähnlich: «Der Fischotter mordet um zu morden», steht in einem 1885 verfassten Gutachten im Auftrag des Schweizerischen Handels- und Landwirtschaftsdepartements (siehe Weber 1990). Lobbyarbeit im Bundeshaus bewirkte, dass 1888 im Artikel 22 des ersten Schweizer Bundesgesetzes zur Fischerei festgehalten wurde: «Die Ausrottung von Fischottern, Fischreihern und anderen der Fischerei besonders schädlichen Tieren ist möglichst zu begünstigen.» Es war ein weltweit einmaliger Gesetzesparagraph – wohl

3 Zwischen 1882 und 1913 bezahlte die Königliche Landwirtschafts-Gesellschaft Hannover für mehr als 8000 erlegte Fischotter Abschussprämien.

nirgendwo sonst findet sich in einem nationalen Gesetz der Aufruf zur Ausmerzung von einheimischen Tierarten. Damit stand der Bund nun in der Pflicht. Fortan gab es Bundesgelder für Fangmaterial, Otterhunde und Ausbildungskurse für Otterjäger. Nicht so weit gingen die anderen europäischen Staaten, doch förderten auch die meisten von ihnen die Ausrottung mit Prämien. Dokumentiert sind beispielsweise die Zahlungen der Königlichen Landwirtschafts-Gesellschaft Hannover: Zwischen 1883 und 1913 wurden für mehr als 8000 tote Fischotter Prämien bezahlt (Reuther 1980b). In Sachsen wurde der Fischotter schon 1868 zur uneingeschränkten Jagd freigegeben. Weil sich der Eifer der Jäger vorerst in Grenzen hielt, wurde mit finanziellen Anreizen nachgeholfen. 3 Mark gab es für einen toten Fischotter oder Fischadler, 1.50 Mark kriegte, wer einen Graureiher erlegt hatte. Jetzt kam Fahrt auf – zumal dem erfolgreichen Jäger auch Ruhm und Ehre winkten: Wer in Sachsen mehr als drei Fischotter in einem Jahr getötet hatte, fand seinen Namen eingraviert auf einer Ehrentafel wieder (Fiedler 1996).

Jagdstatistiken aus vielen Ländern Europas zeigen einen massiven Anstieg der Zahl erlegter Fischotter gegen Ende des 19. Jahrhunderts. Bis zum Ausbruch des 1. Weltkrieges wurden allein in Deutschland jährlich etwa 10 000 Tiere erlegt, in Frankreich fast 4000. Und Belgien bezahlte zwischen 1889 und 1895 knapp 2500 Prämien aus (Festetics 1980; Weber 2004).

Der Erfolg war durchschlagend: Innerhalb von wenigen Jahrzehnten waren die Fischotterbestände in manchen Gebieten Europas zusammengebrochen.

3

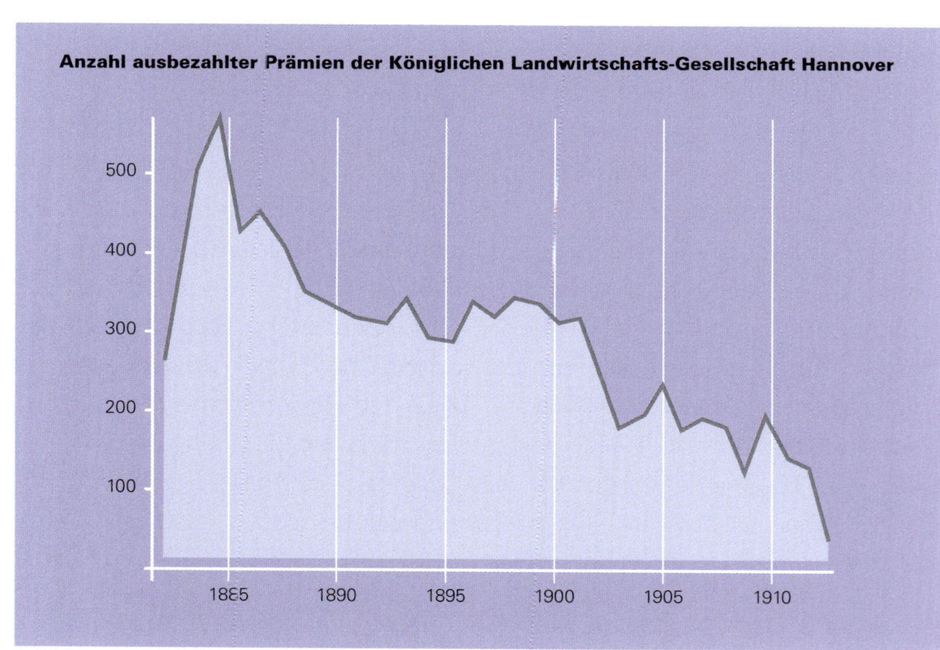

Mahnende Stimmen

Allerdings gab es schon zu Beginn des 20. Jahrhunderts Persönlichkeiten, die sich für den Schutz des Fischotters stark machten. Paul Sarasin, Naturforscher und Mitbegründer des Schweizerischen Nationalparks, verfasste 1917 eine Publikation mit dem Titel «Die Ausrottung des Fischotters in der Schweiz». Darin plädierte er leidenschaftlich für die Erhaltung dieser Art, deren Verschwinden «wir vom wissenschaftlichen wie vom nationalen und allgemein menschlichen Standpunkte aus als einen schmerzlichen Schaden, als eine fühlbare Lücke in unserer vaterländischen Biocönose empfinden müssten» (Sarasin 1917).

Doch der Appell des Naturschützers blieb ungehört. Erst 1952 konnte sich die Schweiz dazu durchringen, den Fischotter unter Schutz zu stellen. Österreich hatte dies bereits 1947 getan, andere Länder folgten später: In der DDR wurde die Art 1962 rechtlich geschützt, in der BRD 1968, in Luxemburg 1972, in England und Wales 1978.

Flusskorrektionen

Wie kam es gegen Ende des 19. Jahrhunderts zu diesem Furor gegen den Fischotter? Hatte der Umbau der Gewässerlandschaft Mitteleuropas schon zu diesem Zeitpunkt zu einem spürbaren Rückgang der Fischbestände in manchen Bächen und Flüssen geführt, wofür der Fischotter als Sündenbock herhalten musste?

Die ersten großen Gewässerkorrektionen waren schon Ende des 18. Jahrhunderts umgesetzt worden. Weitere folgten im 19. Jahrhundert: Bevölkerungswachstum, Hochwasserschutz und der Ausbau des Verkehrsnetzes forderten ihren Platz in den Ebenen, die zuvor von weiträumigen Auen geprägt waren (Ewald & Klaus, 2009). Technisch gewaltig waren die Korrektionen der großen Flüsse wie beispielsweise der Oder (1747–1753), der Linth (1807–1816), des Alpenrheins (1862–1883) und der Reuss (1850–1863). Die Umgestaltung der Gewässer wurde nach dem Minimalprinzip durchgeführt: Der angestrebte Zustand war ein einziges, möglichst schmales, gerades Bachbett ohne Verzweigungen und Altarme. Tausende von Kilometern mäandrierender Fließgewässer gingen dadurch verloren. Allein schon aufgrund des Raumbedarfs des Fischotters wirkte sich dies negativ auf die Bestände aus: Wo Gewässer fehlen, gibt es auch keine Fischotter.

4

Entwässerungen

Nasse Böden sind landwirtschaftlich wenig produktiv. Um die wachsende Bevölkerung zu ernähren, mussten diese Flächen urbar gemacht, das heißt entwässert werden. Viele kleine Fließgewässer verschwanden damit in Dolen, womit die Fische einen bedeutenden Teil ihrer Laich- und Aufzuchtgewässer verloren. Die Nahrungsmittelknappheit während der beiden Weltkriege forcierte diese Entwicklung zusätzlich: Allein in der Schweiz gibt es heute 4000 Kilometer unterirdische Bachläufe. Im Mittelland sind über 50 Prozent der kleinen Fließgewässer eingedolt (Zeh Weissmann et al. 2009). Zahlreiche kleine Seen und Hunderttausende von Teichen, Tümpeln und Mooren wurden als direkte Folge davon trockengelegt. Damit verschwanden Fisch und Frosch – und somit die Nahrungsgrundlage für den Fischotter. Wo Bäche heute noch oberirdisch fließen, mindern vielerorts Ufer- und Sohlenverbauungen ihre Qualität als Lebensraum (Zeh Weissmann et al. 2009). In kanalisierten Fließgewässern ist die Fließgeschwindigkeit erhöht und über die ganze Breite mehr oder weniger homogen. Es fehlen wechselhafte Kleinlebensräume in und entlang dem Gewässer, die für Fische, Amphibien und Insekten wichtig sind. Die einst reich strukturierte Ufervegetation hat einer weitgehend eintönigen Krautschicht Platz gemacht.

Wasserkraft

Der Bau von Wasserkraftwerken und die Verbauungen im Rahmen des Hochwasserschutzes veränderten den Wasser- und Geschiebehaushalt – mit negativen Auswirkungen auf die Fischbestände auch in scheinbar unberührten Strecken (siehe auch Seite 105 f). Die Wehre und Abstürze mit mehr als 50 Zentimeter hohen Stufen verunmöglichten die freie Fischwanderung weitgehend. Arten, die über weite Strecken zu den Laichplätzen ziehen, verschwanden dadurch nach und nach; so zum Beispiel auch der Atlantische Lachs *(Salmo salar),* der 1950 in Deutschland ausstarb.

Man kann heute nur noch erahnen, wie viele Fische sich einst in unseren Gewässern tummelten. Doch ist anzunehmen, dass vom einstigen Fischreichtum nur noch ein Bruchteil übrig geblieben ist.

4 Die Flusskorrektionen verwandelten lebendige Flüsse in monotone öde Kanäle.

5 Wasserkraftwerke beeinträchtigen die Lebensräume der Fische massiv: Stauwehre sind für sie Wanderbarrieren, der Geschiebehaushalt wird gestört, die Kiesböden oberhalb der Staumauer verschlammen und in den Restwasserstrecken ist das Wasser für viele aquatische Arten zu knapp.

5

6 Lac de Neuchâtel 1964: «Baden verboten – verschmutztes Wasser».

Fischotter als Sündenbock

Die Veränderung an den Gewässern und die damit einhergehenden Einbußen bei den Fischfängen schreckten wohl die Berufs- und Hobbyfischer auf. Um 1880 entstanden viele der heutigen großen Fischereiverbände im deutschsprachigen Raum. Oftmals war die Ausrottung des Fischotters ein zentrales Anliegen. So etwa für den Sächsischen Fischerei-Verein, der 1884 ins Leben gerufen wurde. Damit war die Organisationsstruktur gegeben, um Prämienzahlungen, Information zu Stand und zur Bekämpfung des Fischotters sowie Werbung für Fangmethoden und Fallensysteme zu machen (Fiedler 1996).

Über die Gründung des Schweizerischen Fischereiverbandes (SFV) im Jahr 1883 schrieb die *Neue Zürcher Zeitung*: «Nach definitiver Statutenfestsetzung wurde (...) hauptsächlich auf besseren Schutz des Fischbestandes gegen die schädlichen Thiere hingewirkt und eine Revision des neuen Jagd- und Fischereigesetzes angebahnt. In dieser Hinsicht wurde der Krieg in erster Linie den Fischottern und Reihern, in zweiter den Möwen, Schwänen und Enten (wilden und zahmen) erklärt» (www.sfv-fsp.ch).

Langlebige Umweltgifte

Schon seit jeher flossen die Abwasser und Abfälle ungefiltert in Bäche, Flüsse und Seen. Anfänglich waren es bloß die Fäkalien, doch mit der technischen Entwicklung kam eine Vielzahl von anderen problematischen Stoffen in wachsenden Mengen hinzu. Um 1960 waren manche Gewässer trübe, schäumende Brühen. Es kam zu Fischsterben, Behörden verhängten Badeverbote.

Bei Fischsterben verloren die Fischotter zumindest kurzfristig die Nahrungsgrundlage. Langfristig wirkten hingegen Umweltgifte. Namentlich Substanzen aus der Gruppe der langlebigen organischen Verbindungen (persistent organic pollutants, POP) stehen im Zusammenhang mit dem Verschwinden des Fischotters aus manchen Ländern Europas (Kruuk 2006). Als Beutegreifer am Ende der Nahrungskette ist die Art besonders empfindlich gegenüber toxischen Chemikalien, die in der Natur nicht oder nur langsam abgebaut werden (Mason et al. 1993). POPs sind fettlöslich. Tiere, die solche Stoffe mit der Nahrung aufnehmen, speichern sie daher im Körperfett. Dabei werden die POPs entlang der Nahrungskette angereichert. In Fischen

6

kann der Gehalt schon um das Hunderttausendfache höher sein als im Wasser, im Fischotter erhöht er sich wiederum auf ein Vielfaches. Viele POPs sind krebserregend, schwächen das Abwehrsystem und können zu Missbildungen oder Unfruchtbarkeit führen. Manche Verbindungen erschweren außerdem den Stoffwechsel von Vitamin A. Dieses Vitamin spielt eine wichtige Rolle bei der Fortpflanzung, der Entwicklung der Föten und bei der Abwehr von Infektionen (Murk et al. 1998). Zu den problematischen POPs, die ab Mitte des 20. Jahrhunderts in wachsenden Mengen in die Umwelt gelangten, zählen die Werkstoffe aus der Klasse der PCBs (Polychlorierte Biphenyle) sowie diverse Insektizide wie DDT (Dichlordiphenyltrichlorethan), Dieldrin und Aldrin.

PCBs

PCB ist der Sammelbegriff für die 209 verschiedenen Stoffe, die sich durch Chlorierung von Biphenyl synthetisieren lassen. Sie wurden am Ende des 19. Jahrhunderts entdeckt. 1929 begann die industrielle Großproduktion. Die Elektroindustrie verwendete diese Chemikalien als Kühlmittel und Isolatoren; in Hubfahrzeugen fanden sie Verwendung als hydraulische Flüssigkeit, in Motoren und Getrieben als Schmiermittel, in Kunststoffen als Weichmacher, in Silofarben als Fungizid, in Papier und Gewebe als Imprägnier- und Flammenschutzmittel.

PCBs sind chemisch außerordentlich stabil: Wasser, Licht, Luft und Hitze können ihnen nichts anhaben, und selbst von Säuren werden sie nicht angegriffen. Doch was sie zur vielseitigen technischen Anwendung prädestiniert, macht sie zu einem erstrangigen Umweltproblem. Einmal freigesetzt, bleiben sie jahrzehntelang in Böden und Gewässern.

1966 waren PCBs schon überall: in den Meeren, den Binnenseen Europas und Nordamerikas, in den Böden, im Eis der Arktis, in der menschlichen Muttermilch und im Körperfett etlicher Tiere; vor allem von Arten am Ende der Nahrungskette: Greifvögeln, Robben, Eisbären – und Ottern. Versuche mit amerikanischen Nerzen, nahen Verwandten der Otter, ergaben, dass bei ihnen die Fruchtbarkeit schon bei PCB-Gehalten im Fischfutter leidet, die weit unter denen lagen, die man damals in den Fischen europäischer Fließgewässer maß (Aulerich & Ringer 1977; Mason & Macdonald 1986; Beckett et al. 2008).

Im Laufe der 1980er-Jahre wurden PCBs schrittweise aus dem Verkehr gezogen und ihre Anwendung verboten. Hatten PCBs den Fischotter zum Verschwinden gebracht? Tatsächlich deckten sich in den frühen 1990er-Jahren die Lebensräume mit stabilen oder gar zunehmenden Populationen in Europa weitgehend mit den Gebieten, in denen die PCB-Rückstände im Fisch verhältnismäßig gering waren. Entlang der Atlantikküste sorgten die dominierenden, relativ sauberen Meerwinde für einigermaßen giftfreie Otternahrung. Je weiter man sich ins Innere des Kontinents begab, desto stärker kontaminiert waren die Fische der Binnengewässer (Foster-Turley et al. 1990). Allerdings wird die These, wonach PCBs die Hauptursache für die europäische Fischotterkrise war, von Otterexpertinnen und -experten hinterfragt. Kritiker verweisen auf Otterpopulationen, die sich trotz verhältnismäßig hoher PCB-Belastung stabil hielten. Zum Beispiel die in den 1980er-Jahren untersuchten Fischotter der Shetland-Islands: Die PCB-Gehalte, die man hier im Leberfett der Tiere nachwies, erreichten europaweit Spitzenwerte. Sie lagen bei durchschnittlich 210 Milligramm pro Kilogramm. Werte ab 50 Milligramm galten als kritisch. Ein Weibchen, dass sich erfolgreich fortgepflanzt, dann aber von einem Auto überfahren worden war, hatte sogar fast 1100 Milligramm pro Kilogramm intus (Kruuk 2006).

7 Der Einsatz des Insektengifts Dieldrin ab Mitte der 1950er-Jahre war eine der wichtigsten Ursachen für den Rückgang der englischen Otterpopulation.

Dieldrin

Zumindest in England gilt das Insektizid Dieldrin als Hauptursache dafür, dass die Otterbestände ab Mitte der 1950er-Jahre einbrachen und die Art aus manchen Gebieten verschwand (Chanin & Jefferies 1978). Dieldrin wirkt unspezifisch, ist extrem giftig und langlebig. In Großbritannien begann man 1962, seine Verwendung in der Landwirtschaft einzuschränken. Wo die Substanz untersagt wurde, nahm die lokale Fischotterpopulation fast sprunghaft zu (Jefferies & Hanson 2000).

Schwermetalle

Dauernd in der Umwelt bleiben, wenn einmal freigesetzt, die Schwermetalle. Manche von ihnen sind hochgiftig; so auch Quecksilber. Es schädigt das zentrale Nervensystem und löst dadurch Koordinationsstörungen bis zur Paralyse aus. Bei einem etwas fragwürdigen Fütterungsexperiment mit stark belasteten Fischen starben Nordamerikanische Flussotter innerhalb von 6 Monaten (Mason et al. 1986). Ähnliche Symptome zeigten freilebende Fischotter, deren Sterben später in Schottland beobachtet wurde: Sie torkelten herum, bewegten sich unkoordiniert in Kreisen und verendeten dann. Bei der Obduktion fand man Quecksilber in hohen Dosen in ihrem Körper (Kruuk & Conroy 1991). Nicht nur in hohen Konzentrationen schaden Schwermetalle dem Organismus. Wo sie dauernd in niedrigen Dosierungen aufgenommen werden, können sie chronische Infektionen auslösen.

Regionale Wechselwirkungen

Eine Vielzahl von Faktoren war somit beim Niedergang der Fischotter in Europa beteiligt. Je nach Region spielten Verfolgung, Lebensraumverlust und Giftstoffe unterschiedlich wichtige Rollen, die schließlich aber verhängnisvoll zusammenwirkten. Die Verluste durch Fallen und Flinten konnten die Populationen wegen der verhältnismäßig langsamen Fortpflanzung nur über eine längere Zeitdauer auffangen. Parallel dazu verschwanden durch den Ausbau der Wasserkraft und die Meliorationen im Agrarraum Lebensräume und wichtige Vernetzungskorridore. Die bereits arg dezimierten Otterbestände wurden dadurch zunehmend isoliert. Mancherorts war damit das Schicksal des Fischotters vermutlich schon besiegelt, bevor sich die POPs in der Umwelt verbreiteten. So konnte sich beispielsweise der Restbestand aus den paar versprengten Individuen in der Schweiz nicht mehr erholen. Anderswo waren die Schadstoffe ab Mitte des 20. Jahrhunderts wahrscheinlich das Zünglein an der Waage.

Ausbreitung im Westen …

Die Populationen entlang der Atlantikküste haben sich markant ausgebreitet. In Portugal ist die Art wieder nahezu flächendeckend zugegen, nachdem sie gegen Ende der 1970er-Jahre praktisch aus dem ganzen Land verschwunden war (Pedroso et al. 2014). In Spanien verdoppelte sich das Verbreitungsgebiet zwischen 1985 und 2006. Noch aber ist der Fischotter hier in einigen Regionen selten bis gänzlich abwesend, wie beispielsweise im Baskenland (Vergara et al. 2014).

In Frankreich geht es ebenfalls aufwärts. Die Vorkommen im Massif Central und an der Atlantikküste sind wieder geschlossen. Langsam rückt der Fischotter auch in die nördlichen Gebiete und gegen Osten vor. Eine kleine Population hat sich in der Haute-Savoie etabliert. Noch immer fehlt die Art jedoch in der Hälfte des Landes (Kuhn 2015).

Das Bestandswachstum in Großbritannien hält an. Von Schottland, Wales und dem Südwesten Englands aus hat sich der Fischotter in zuvor geräumte Gebiete ausgebreitet. In England, wo man bei der ersten Kartierung in den Jahren 1977 bis 1979 gerade mal auf 6 Prozent der beprobten Fläche Spuren von Fischottern entdeckt hatte, wurden 30 Jahre später auf fast 60 Prozent der Fläche Nachweise erbracht. Die kleinen und isolierten Bestände sind gewachsen und teilweise bereits miteinander verschmolzen. Einzig in den Südosten Englands wagen sich die Tiere noch nicht vor (Crawford 2010).

In Irland war der Fischotter nie gefährdet. Kartierungen in den frühen 1980er-Jahren zeigten, dass er praktisch im ganzen Land vorkam. Irland galt denn auch als ein wichtiges Rückzugsgebiet für ihn im westlichen Europa. Doch als die Art anderswo langsam wieder Fuß fasste, zog sie sich hier quasi zeitverschoben zurück. 2005 war der Fischotter aus über 20 Prozent seines irischen Verbreitungsgebiets verschwunden (Bailey & Rochford 2005). Dieses Gebiet hat er jedoch seither fast spielend zurückerobert. Heute wird der Bestand in Irland auf 7800 fortpflanzungsfähige Weibchen geschätzt (Reid et al. 2013).

Vorhergehende Doppelseite:
Man hat ihn zu früh totgesagt: Nahezu überall in Europa breitet sich der Fischotter derzeit wieder aus.

1 Verbreitung des Fischotters um 2012.

2

… im Norden …

Gute Nachrichten kommen auch aus Skandinavien. Zwar ist der auf mehrere Tausend Tiere geschätzte Bestand, den Schweden vor 1950 beherbergte, noch längst nicht wieder erreicht, doch wächst die Population seit den 1990er-Jahren stetig (Bjorklund & Arrendal 2008). Auch in Dänemark prosperiert der Fischotter. Er besiedelt das Land heute lückenlos und breitet sich in Richtung Schleswig-Holstein aus (Honnen et al. 2011). In Finnland kommt der Fischotter wieder flächendeckend vor. Die Population entwickelt sich so gut, dass die Art 2016 aus der nationalen Roten Liste gestrichen wurde (Tiainen & Rintala 2015; Liukko et al. 2016).

Zögerlich verläuft hingegen die Entwicklung in Norwegen. Hier leben Fischotter vor allem in den Küstengebieten und Fjorden. Die Bestände sind stabil oder nehmen leicht zu. Doch im Norden des Landes sinken sie gegenwärtig (Van Dijk et al. 2016).

… im Süden …

2 Fischotter im winterlichen Finnland: Die Art konnte hier kürzlich aus der nationalen Roten Liste gestrichen werden.

In Italien erfolgte eine systematische Erhebung über die Verbreitung des Fischotters in den Jahren 1984 und 1985. Die Art war zu dieser Zeit am Tiefpunkt angelangt: Manche Gewässer, in denen im Zeitraum von 1968 bis 1972 gemäß einer Umfrage noch Fischotter gelebt hatten, waren verwaist. Einzig im Süden – in den Regionen Molise, Kalabrien, Basilikata, Apulien und Kampanien – existierten noch Vorkommen. Nördlich davon gab es nur noch versprengte Einzeltiere (Prigioni et al. 2007).

In den Jahren 2000 bis 2004 ging man erneut auf Spurensuche – mit regional unterschiedlichem Erfolg. Im Norden und in den zentralen Teilen des Landes war die Art mittlerweile ganz ausgestorben. Einzig am Ticino im Grenzgebiet von Piemont und Lombardei fand man noch Nachweise. Hier hatte man in den 1990er-Jahren ein Otterpaar ausgesetzt. Weitere neun Tiere waren über die Jahre hinweg aus einem Gehege in der Umgebung entwichen (Prigioni et al. 2005). Der Bestand konnte sich dort bis heute halten (Balestrieri et al. 2016). Im Süden hatte der Trend hingegen in der Zwischenzeit gekehrt. Die Kontrollgebiete mit Otterpräsenz hatten deutlich zugenommen (Prigioni et al. 2007, 2009). Dennoch gilt der Fischotter in Italien nach wie vor als bedroht. Der landesweite Bestand wurde 2006 auf 230 bis 260 Individuen geschätzt, unterteilt in zwei isolierte Populationen, von denen die kleinere – in der Region Molise – bloß um die 35 Individuen zählte (Prigioni et al. 2006). Ein vordringliches Ziel des italienischen Aktionsplans zur Erhaltung des Fischotters ist denn auch, dieses Vorkommen mit der größeren, weiter südlich gelegenen Population zu vernetzen. Begrenzt wird das Potenzial für eine Zunahme und Ausbreitung durch den niedrigen Fischbestand, den Verlust von natürlichen Uferbereichen, aber auch die unregelmäßige Wasserführung der Bäche und Flüsse, von denen manche im Sommer austrocknen (Loy et al. 2010).

… und im Osten

Wichtige Bastionen des Fischotters in Europa lagen 1970 im Osten. In den Teichlandschaften Ostdeutschlands, in der damaligen Tschechoslowakei und in Ungarn hatten reduzierte, jedoch noch gesunde Populationen überlebt. Dies war eine gute Ausgangslage für ein Comeback – und so nahmen hier die Bestände nach dem Tiefpunkt besonders rasch zu. In Tschechien lebten in den 1970er-Jahren bloß noch um die 200 Fischotter. 2005 waren es bereits wieder 1600–2200 (Vaclavikova et al. 2011). Auch in Polen breitete sich die Art wieder aus. Nachdem sich der Bestand in den ersten Jahren nur langsam erholt hatte, schnellte die Anzahl positiv untersuchter Standorte von 15 Prozent im Jahr 1993 auf 89 Prozent im Jahr 2007 hoch (Romanowski et al. 2013). Die Bestände in Ostdeutschland legten ebenfalls kräftig zu. Der Fischotter besiedelt heute wieder große Teile von Mecklenburg-Vorpommern, Brandenburg, Sachsen, Sachsen-Anhalt, Hamburg, Schleswig Holstein und Niedersachsen. Und in Österreich hat sich der gesamte Bestand seit 1980 vervielfacht (siehe unten).

Vom Osten, Westen und Norden wandern Fischotter langsam in die derzeit noch otterfreien Regionen Mitteleuropas ein. Der Schulterschluss der westlichen und östlichen Bestände ist derzeit im Nordwesten Deutschlands im Gang. Das Bundesland Nordrhein-Westfalen ist seit 2009 fast hälftig besiedelt. Neuerdings tauchen hier einzelne Tiere aus einem Wiederansiedlungsprojekt in den Niederlanden auf. Zugleich migrieren Fischotter von Deutschland nach Holland. Die beiden Populationen beginnen sich zu mischen (Kriegs et al. 2013).

Auch im Süden Deutschlands bewegt sich etwas. Die Fischotter haben in den letzten Jahren praktisch das ganze Grenzgebiet im Osten Bayerns besiedelt und breiten sich zögerlich gegen Westen aus (www.anl.bayern.de).

«Silent Spring» und die Folgen

Was ermöglichte dem Fischotter die Renaissance? Entscheidend trug zweifellos das Jagdverbot dazu bei. Seit den späten 1970er-Jahren steht die Art in nahezu allen europäischen Ländern unter striktem Schutz. Außer in Ausnahmesituationen werden seither keine Tiere mehr legal aus der freien Wildbahn entnommen. Das Jagdverbot ist durch Schutz- und Handelsabkommen auch international verankert. Viele Chemikalien, die dem Fischotter zusetzten, sind zumindest in den Industrieländern nicht mehr im Gebrauch. Das Buch «Silent Spring» der US-amerikanischen Biologin Rachel Carson lieferte bereits in den frühen 1960er-Jahren stichhaltige Argumente für das später erlassene Verbot von DDT (Carson 1962). Auch Dieldrin und Aldrin wurden verbannt. In Regionen, in denen man die beiden Insektizide zuvor genutzt hatte, nahmen die Otterbestände danach wieder merklich zu (Jefferies 1989; Jefferies & Hanson 2000).

Das Verbot von PCBs ab den 1980er-Jahren (siehe Seite 163 f) beginnt sich ebenfalls auszuwirken. Zwar findet man immer noch Rückstände dieser Substanzen in den Lebern europäischer Fischotter, doch sinkt die Belastung. Untersuchungen in Wales und England ergaben für den Zeitraum von 1983 bis 1992 eine jährliche Abnahme um 8 Prozent. Zu ähnlichen Ergebnissen kam man in Schweden und Dänemark (Gutleb 2000). Auch eine 2005 durchgeführte Untersuchung von 69 Tieren in Deutschland schloss eine akute Gefährdung der Populationen durch PCBs und Insektizide auf der Basis von chlorierten Kohlenwasserstoffen aus.

Doch die Gefahr scheint nicht gebannt: Drei Fischotter in dieser Studie waren so stark belastet, dass die Autoren bei diesen Tieren einen Reproduktionsausfall vermuteten (Griesau & Sommer 2005).

Neues Leben in alten Bächen

Eine Trendwende fand zudem in der Landschaftsgestaltung statt. Nachdem man sich im Gewässerbau während Generationen nach Kräften um klare Linien und möglichst raschen Wasserabfluss bemüht hatte, wurden Bäche und Flüsse nun mehr und mehr als Ökosysteme betrachtet. In der Folge wurden die ersten Projekte zur Renaturierung von Fließgewässern umgesetzt.

Wegweisend war die Renaturierung der Ise in Niedersachsen. Kanalisierung und Korrektionen hatten das einst vielfältige und artenreiche Gewässer zu einem schnurgeraden Kanal verkümmern lassen. Dadurch verschwand der Fischotter, der hier bis in die 1960er-Jahre in einer fortpflanzungsfähigen Population gelebt hatte, aus der Region. 1987 startete die Aktion Fischotterschutz ein großflächiges Revitalisierungsprojekt für die Ise-Niederungen (www.aktion-fischotterschutz.de). Das Ziel war, durch die Aufwertungen des Gewässers die Otterpopulationen zwischen Niedersachsen und Sachsen-Anhalt zu vernetzen. Im Jahr 2000 war das Projekt abgeschlossen. Heute ist die Ise wieder ein lebendiges Gewässer mit buntblühenden Krautsäumen und Gehölzstreifen an den Ufern.

Was hat man dafür getan? Man ließ vor allem den Fluss machen, was er wollte; zur dynamischen Gestaltung stellte man ihm bloß das Land zur Verfügung, allerdings sehr großzügig: 493 Hektar entlang der Ise und den

3

Seitenbächen wurden aufgekauft und die landwirtschaftliche Nutzung auf diesen Flächen extensiviert. Ein 10 Meter breiter, ungenutzter Landstreifen puffert das Gewässer ab gegen Einflüsse der Landwirtschaft. Rund 13 Kilometer Gewässerufer wurden bestockt, 6 Kilometer Hecken gepflanzt, zwei eingedolte Seitenbäche aus den Rohren befreit und deren Mündung in die Ise naturnah umgestaltet. Schon bald wurde der Fischotter in den Ise-Niederungen wieder heimisch (www.wrrl-info.de).

Das Projekt fand Nachahmer. Bis 2014 wurden in Deutschland 170 große Auenrevitalisierungen durchgeführt. Die Projekte dienten dem Hochwasserschutz und der Förderung der Biodiversität. Dadurch wurden über 5000 Hektar Land den Fließgewässern zurückgegeben (Walter et al. 2015).

Kurzer Boom im Neuland

3 In Gebieten, die der Fischotter neu besiedelt, herrscht kein Mangel an geeigneten Revieren. Die Population kann dann kurzfristig um jährlich 20 % wachsen.

Wo die Bestände niedrig sind, erholen sich Fischotterpopulationen langsam. Allein schon die Begegnungen von Weibchen und Männchen sind weitgehend zufällig. Auch die lange Aufzuchtzeit bremst den Zuwachs (siehe auch Seite 76 ff). Andererseits haben Tiere in einer dünn besiedelten Region ein einfacheres Leben: Es herrscht kein Mangel an Ressourcen. Wandern Fischotter neu in taugliche Lebensräume ein, bringen die Weibchen deshalb mehr Junge zur Welt als in gesättigten Vorkommen. Weil dazu noch viele potenzielle Territorien frei sind, ist auch die Überlebensrate der abwandernden Jungtiere höher. Bei einer Population, die sich in ein zuvor unbesiedeltes Gebiet ausdehnt, kann die jährliche Zunahme deshalb kurzfristig bis zu 20 Prozent betragen (Sulkava et al. 2007).

Doch nach dem Boom kommt jeweils bald die Baisse: Die Abkömmlinge der Einwanderer lassen sich an den geeigneten Orten nieder; Wahrscheinlich nehmen sie dabei zunächst mehr Platz ein, als sie brauchen. Erhöht sich dann der lokale Bestand, können die Tiere noch etwas näher zusammenrücken. Doch irgendwann ist Schluss mit lustig: Die Territorien sind jetzt gerade noch so groß, dass ein Individuum oder eine Mutterfamilie darin überleben kann. Streitigkeiten sind dann vorprogrammiert, und tödliche Verletzungen aus diesen Rangeleien häufen sich. Von nun an müssen die subadulten Fischotter weiter abwandern, sofern gerade kein Territorium verwaist ist. Der regionale Bestand pendelt sich auf die Kapazität des Lebensraums ein.

Rasante Entwicklung in Österreich

Wie schnell der Fischotter ein verwaistes Gebiet zurückerobern kann, zeigt sich in Österreich. Aufgrund von zahlreichen Kartierungen konnte die Entwicklung der Art sehr gut dokumentiert werden. Zu Beginn der 1990er-Jahre beschränkte sich die Präsenz des Fischotters im Land auf zwei Gebiete: Das Vorkommen im Wald- und Mühlviertel im Nordosten des Landes war Teil einer viel größeren Population in der damaligen Tschechoslowakei (Kranz et al. 2003); die Fischotter in der Südoststeiermark und im Südburgenland wiederum waren mit der Population Ungarns und Sloweniens verbunden (Jahrl 2002).

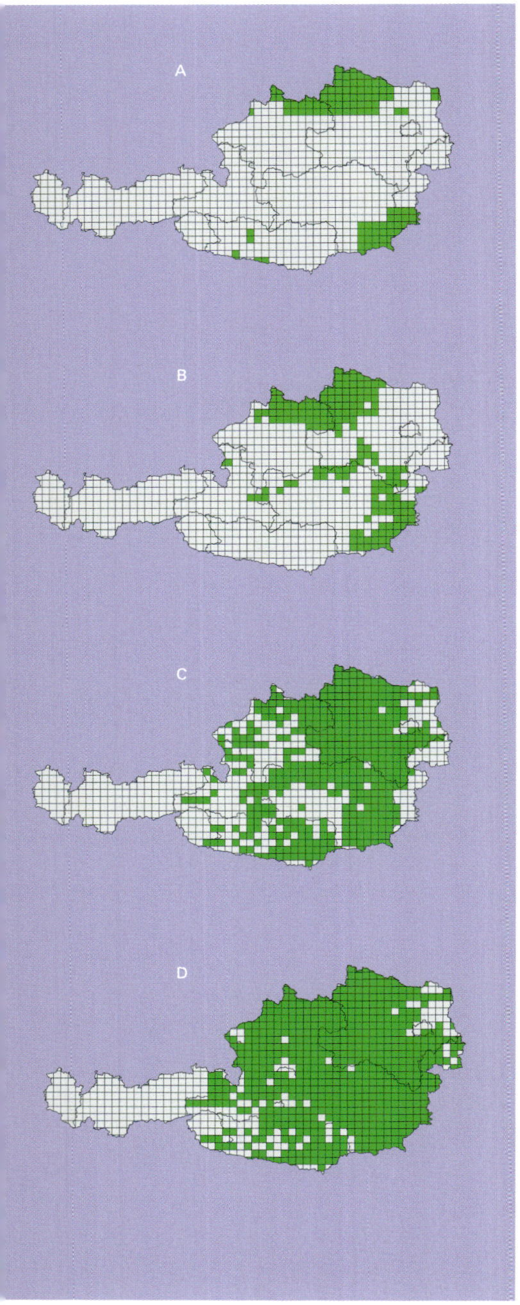

Bereits um das Jahr 2000 waren die zuvor getrennten Vorkommen zu einer zusammenhängenden Population verschmolzen (Kranz & Polednik 2009). Damit hatte sich die Art auf 20 Prozent der Fläche Österreichs ausgebreitet (Kranz 2000b). Aus diesen erstarkten Beständen wanderten die Tiere gegen Osten ab: 2010 war der Fischotter in der Steiermark fast wieder überall zugegen (Kranz & Poledník 2012; Kranz et al. 2013), wenige Jahre später auch in Kärnten (Kranz & Poledník 2015).

In Salzburg, wo sich 2008 erst vereinzelt Otterspuren fanden, nahm der Bestand innerhalb von 10 Jahren massiv zu. Heute kommt der Fischotter auch hier wieder überall vor (Kranz & Polednik 2017). Von dort aus ist nun die Wiederbesiedlung des Tirols im Gang.

Auf und davon

Pro Nacht kann ein Fischotter bis zu 50 Kilometer innerhalb seines Streifgebietes zurücklegen (Erlinge 1967; Durbin 1996b). Bei diesem Tempo brächte es ein Emigrant in einer einzigen Woche auf mehrere Hundert Kilometer. Theoretisch könnten deshalb Tiere aus Salzburg auch plötzlich irgendwo in der Schweiz oder Fischotter aus Bayern im Westen von Baden-Württemberg auftauchen. Genetische Analysen zeigen indessen, dass sich subadulte Tiere im Abstand von höchstens 100 bis 150 Kilometern von ihrem Geburtsort niederlassen (Dallas et al. 2002; Koelewijn et al. 2010) – idealerweise gleich anschließend an ein bereits existierendes Territorium (Arrendal et al. 2004). Die durchschnittliche Abwanderungsdistanz liegt bei 20 Kilometern (Quaglietta et al. 2013).

Migrierende Fischotter nutzen bevorzugt Wasserstraßen in Form von Fließgewässern oder einer Reihe von Teichen. Doch gehen sie auch weite Strecken über Land. Steile und trockene Höhenzüge bewegen jedoch auch gewillte Fischotter zur Umkehr (Janssens et al. 2008). Unter günstigen Bedingungen rückt die Ausbreitungsfront jährlich um 4 bis maximal 20 Kilometer Flusslänge vor (Van Looy et al. 2014; Kuhn 2015).

Rückkehr in die Alpen

Eine langsame Arealerweiterung erfolgt derzeit im Alpenraum. In Frankreich ziehen einzelne Fischotter der Rhone entlang flussaufwärts. Das eine oder andere Individuum aus dem Bestand in der Haute-Savoie hat sich bereits über die Schweizer Grenze getraut (www.cscf.ch).

Rascher voran schreitet hingegen die Wiederbesiedlung der östlichen Alpen. Die Bestände in Österreich breiten sich gegen Westen aus. Von Kärnten aus erreichten Mitte der 2000er-Jahre die ersten Tiere das Friaul im Nordosten Italiens (Pavanello et al. 2015; Balestrieri et al. 2016). Und seit Kurzem wandern Fischotter aus Österreich auch in die Schweiz ein (www.gr.ch). Als Vernetzungsachse spielt der Inn dabei eine tragende Rolle. Schlagzeilen machte 2009 ein Otter, der in einer Fischtreppe beim Kraftwerk Reichenau im Kanton Graubünden fotografiert wurde. Es war die erste Sichtung dieser Art nach 20 Jahren otterfreie Schweiz. War dieser Otter ein erster Vorbote einer Wiederbesiedlung? Oder ein aus Gefangenschaft entwichenes Tier? Seine Herkunft bleibt bis heute ungeklärt.

Seither wurden Fischotter an sechs Schweizer Fließgewässern bestätigt: an der Aare, am Hinterrhein, an der Albula, am Ticino, an der Rhone und am Inn (www.cscf.ch). Während die meisten dieser Einzeltiere auf eigenen Pfoten eingewandert sind, bestehen mindestens am Vorkommen an der Aare um Bern berechtigte Zweifel. Hier entwichen 2005 bei einem Hochwasser Fischotter aus dem Gehege des Tierparks Dählhölzli. Sie pflanzten sich sicher einmal in Freiheit fort, bevor sie wieder eingefangen wurden. Der Nachwuchs scheint aber in der Freiheit überlebt zu haben. Ab 2007 wurde in der Region regelmäßig jeweils ein Tier gesichtet. 2014 zeigten Kamerafallen überraschenderweise zwei Individuen, kurz darauf konnte der erste Nachwuchs bildreich dokumentiert werden (Medienmitteilung des Kantons Bern, Mai 2015). Weitere Jungtiere wurden in den folgenden Jahren nachgewiesen – eine Arealvergrößerung wird jedoch erst seit dem Frühjahr 2018 beobachtet (Weinberger et al. 2018).

4 Verbreitung des Fischotters in Österreich in den Jahren 1992 (A), 1999 (B), 2009 (C) und 2016 (D). Quellen: Gutleb 1992; Kranz 2000b; Kranz & Polednik, 2010 und 2017.

Wo es ihm gefällt

Fischotter lassen sich bevorzugt dort nieder, wo das Nahrungsangebot hoch ist (Sjoasen 1997; White et al. 2003). Da kleinere Gewässer pro Hektar mehr Fischbiomasse aufweisen als große, wäre zu erwarten, dass in einem neuen

5 Erstnachweis in der Schweiz nach 20-jähriger Abwesenheit Am 7. Dezember 2009 filmte eine Videokamera zur automatischen Überwachung des Fischaufstiegs in der Fischtreppe des Kraftwerks Reichenau in Graubünden einen Otter.

6 Auswilderung von Fischottern in den Niederlanden.

Gebiet zuerst die kleinen Bäche und erst danach die großen Flüsse besiedelt werden. Doch mit der gegenwärtigen Ausbreitung scheint sich der Fischotter an keine Regel zu halten: Wie aus dem Nichts erscheinen einzelne Tiere zuweilen weitab von einem bekannten Vorkommen. Im Mittelmeerraum geht die Ausbreitung flussaufwärts (Vergara et al. 2014), anderswo in beide Richtungen. Mal taucht ein Erstbesiedler in der Unterstrecke eines Flusses auf, mal im Oberlauf (Janssens et al. 2006; Chanin 2013; Van Looy et al. 2014; Weber & Trost 2015). Tendenziell werden jedoch größere Gewässer bei der Besiedlung noch unbewohnter Regionen bevorzugt (White et al. 2003). Das zeigt sich derzeit auch in der Schweiz: Die in den letzten Jahren im Land aufgetauchten Tiere etablierten ihre Territorien im Oberlauf großer Fließgewässer (Weinberger 2017).

Nachhilfe

In mehreren Gebieten Europas wurde dem Comeback des Fischotters mit Wiederansiedlungsprojekten nachgeholfen – so in Großbritannien (White et al. 2003), Schweden (Sjoasen 1997), Spanien (Saavedra & Sargatal 1998; Mateo et al. 1999; Fernandez Moran et al. 2002), Italien (Prigioni et al. 2009) und Frankreich (Kuhn 2015). Auch in der Schweiz hat man dies versucht: 1975 wurden in der Sense und deren Seitenfluss Schwarzwasser südlich von Bern vier Fischotterpaare aus Bulgarien ausgesetzt. Es handelt sich dabei um eine schöne Gegend, deren beide Gewässer weitgehend naturbelassen sind. Bewaldete Steilhänge und mächtige Felsen begrenzen die meist 100 bis 200 Meter breiten, flachen Schluchtböden, auf denen die beiden

Flüsse frei mäandrieren. Hier finden sich alle wertvollen Lebensräume dynamischer Flussauen: Seitenarme, Kiesbänke, Tümpel und Weidenbestände, die bei Hochwasser alljährlich überflutet werden. Das ganze Gebiet steht unter Naturschutz und ist streckenweise schwer zugänglich. Bis 1982 gab es regelmäßig Otternachweise, inklusive Spuren von Jungtieren. 7 Jahre nach der Auswilderung war das Vorkommen jedoch erloschen (Weber et al. 1991).

Derzeit ist in Europa ein einziges langfristiges Wiederansiedlungsprojekt im Gang. In den Niederlanden wurden seit 2002 über 31 Tiere freigelassen. Eine natürliche Wiederbesiedlung des Landes hielt man bei Projektbeginn für ausgeschlossen. Zu weit entfernt war damals das nächste Vorkommen (Van Ewijk et al. 1997; Koelewijn et al. 2010). Das Projekt wird wissenschaftlich eng begleitet. Die genetische Vielfalt wird überwacht, und es werden Maßnahmen für den Otterschutz umgesetzt. Die Bestrebungen wirken: Um 2016 wurde der niederländische Otterbestand auf 185 Individuen geschätzt. Doch auch wenn diese Zahl erfreulich ist – der Fischotter hat die Niederlande noch nicht erobert. Allein schon die hohe Anzahl von 49 Tieren, die allein im Winter 2015/16 auf den niederländischen Straßen überfahren wurden, gibt zu denken (www.wur.nl).

Jede Wiederansiedlung ist mit Risiken verbunden. So starben 11 Prozent der Tiere im spanischen Projekt, noch bevor sie freigelassen wurden (Fernandez Moran et al. 2002). Und sind sie erst einmal in der freien Wildbahn, bleiben sie oft nicht am vorgesehenen Ort. Sie ziehen weg, verschwinden auf Nimmerwiedersehen oder sterben auf Straßen. Vor allem kleinere Wiederansiedlungsprojekte sind deshalb oft nicht erfolgreich.

6

Schützen und fördern

Noch ist der Fischotter nicht über den Berg. Damit er sich in Europa weiter ausbreiten und sich auch langfristig halten kann, braucht er gesunde Gewässerlebensräume und reichlich Fisch.

Global nimmt der Bestand des Eurasischen Fischotters weiterhin ab (IUCN Red List 2017). In Europa ist die Entwicklung derzeit positiv, doch hat die Art erst einen Teil des verlorenen Terrains zurückerobert. Die Verbreitungslücke, die in den 1980er-Jahren durch die Mitte des Kontinents klaffte, ist kleiner geworden, aber noch längst nicht verschwunden. Sie reicht von Norddeutschland über die Schweiz bis nach Italien. Nachweise im Westen Deutschlands, in Belgien, Luxemburg, in weiten Teilen Frankreichs, in der Schweiz und im Norden Italiens sind bis heute noch so selten, dass jede Beobachtung eine Medienmitteilung wert ist. Von einer Etablierung als fester Teil der Fauna ist der Fischotter in diesen Gebieten noch weit entfernt.

Wird sich die Art dereinst auch in diesen Regionen niederlassen? Ist der vom Menschen dicht besiedelte und intensiv genutzte Raum noch großflächig ottertauglich? Die Art steht mehrfach unter Druck. Verbaute Ufer entwerten die Fließgewässer als Otterhabitat, der rege Freizeitbetrieb am Wasser lässt den Tieren keine Ruhe. Der Rückgang der Fischbestände in vielen Gewässern schmälert das Nahrungsangebot empfindlich – in manchen Fließgewässern könnte es für eine dauerhafte Besiedlung nicht mehr ausreichen. Neue Umweltgifte und Mikroverunreinigungen, die nicht minder schädlich sind als POPs (persistent organic pollutants, siehe Seite 162 f), finden ihren Weg in die Bäche, Flüsse und Seen. Wanderbarrieren behindern die Ausbreitung. An Land lauert der Tod auf der Straße, im Wasser bilden Fischreusen tödliche Fallen. Und die menschengemachte Klimaerwärmung wird sich tiefgreifend auf die Gewässerökosysteme auswirken.

Die Zukunft des Fischotters in Europa ist daher unsicher. Die Art wird bei uns nur gedeihen können, wenn es gelingt, die Gewässerlandschaft so zu erhalten und wenn nötig aufzuwerten, dass sie ihren Ansprüchen großräumig genügt. Das Vorkommen von Fischottern an stark beeinträchtigten

Flussabschnitten beweist die Anpassungsfähigkeit der Art (Kranz & Toman 2000; Delibes et al. 2009; Kloskowski et al. 2013). Das heißt aber nicht, dass die Tiere sich überall zurechtfinden. Damit sie überleben können, braucht es zwingend naturnahe Gewässerstrecken, wo die Lebensgemeinschaft noch funktioniert, das Nahrungsnetz intakt ist und die Ufer von vielfältiger Vegetation gesäumt sind.

Vorhergehende Doppelseite: Fischotterweibchen mit Jungtier. Damit sich die Art überall in Europa niederlassen kann, braucht sie vielfältige Gewässerlandschaften.

1 Die Fischbestände in den europäischen Gewässern sinken. Namentlich beim Aal – einer wichtigen Fischotterbeute – sind die Rückgänge dramatisch. Das Bild zeigt Aale im Jugendstadium – Glasaale – die als Delikatesse sehr begehrt sind.

Ohne Fisch kein Otter

Eine Grundbedingung für eine lebensfähige Otterpopulation ist ein ausreichender Fischbestand. Diesbezüglich haben sich die Lebensbedingungen für den Fischotter seit seinem Verschwinden aus weiten Teilen Europas weiter verschlechtert. In den letzten Jahrzehnten wurde in Gewässern ein starker Rückgang der Fischpopulationen registriert. Davon sind zahlreiche Arten betroffen. Drastisch waren die Populationseinbußen namentlich beim Aal *(Anguilla anguilla)*. Dessen Bestände sind seit den 1980er-Jahren gebietsweise um

1

2 Hindernisse verunmöglichen die Fischwanderung in den Fließgewässern. In Europa wird die Zahl der Abstürze und Dämme auf 1,3 Millionen geschätzt.

99 Prozent eingebrochen. Heute ist die Art vom Aussterben bedroht (Jacoby & Gollock 2014). Die Ursachen für diese Entwicklung sind vielfältig. Möglicherweise spielt der Klimawandel eine Rolle. Er führte dazu, dass sich die Strömungsverhältnisse im Atlantik verändert haben – was die Wanderung der Aale von der Sargassosee in der Nähe der Bahamas, wo die Larven schlüpfen, zur europäischen Küste und zurück erschweren könnte (Knights 2003). Vielleicht wurde die Art aber auch überfischt. Die Glasaale – die nur wenige Zentimeter langen jungen Aale, die in die Bäche und Flüsse aufsteigen – sind begehrt. Sie werden als Delikatesse verzehrt oder für den Besatz in Gewässern gefangen und verkauft. Doch Glasaale sind selten geworden – und damit auch teuer: Der Kilopreis ist in den letzten Jahren von 80 auf 1000 Euro hochgeschnellt. Seit 2009 dürfen Glasaale nicht mehr aus Europa exportiert werden. Trotzdem blüht in Hong Kong der Schwarzmarkt mit diesen Tieren (Stein et al. 2016).

Der Aal ist vielerorts eine wichtige Beute für den Fischotter. Das Verschwinden dieser fettreichen Fische könnte die derzeit positive Entwicklung der Fischotterbestände stoppen. Wie sich ein massiver Rückgang der Aalbestände auswirkt, zeigte sich bereits vor Jahren in den Dinnet Lochs in Schottland: Die ansässigen Fischotter stellten die Fortpflanzung ein (siehe auch Seite 75).

Forelle & Co. auf dem Rückzug

Gut dokumentiert ist der Rückgang der Forelle in der Schweiz. Zwischen 1980 und 2000 verminderten sich die Forellenfänge in den Fließgewässern um mehr als zwei Drittel (Kirchhofer et al. 2007). Auch andere Fischarten sind auf dem Rückzug: Die Nase *(Chondostroma nasus)* ist innerhalb kurzer Zeit vom Massenfisch zu einer akut vom Aussterben bedrohten Art geworden. Um die Ursachen der Entwicklung zu ergründen, führten das Schweizer Bundesamt für Umwelt (BAFU) und das Wasserforschungsinstitut EAWAG von 1998 bis 2004 das interdisziplinäre Forschungsprojekt «Fischnetz» durch. Die Resultate zeigten, dass der Rückgang auf mehrere Faktoren zurückzuführen ist. Als Hauptgründe wurden ungenügende Wasserqualität, Begradigungen von Fließgewässern, Verschlechterung der Lebensräume und fehlende Vernetzung identifiziert (Meili et al. 2004).

Die grundlegende Veränderung der Gewässerlandschaft zum Nachteil der Fischfauna erfolgte schon vor Jahrzehnten, in letzter Zeit wurden kaum

2

mehr Bäche und Flüsse begradigt. Manche derartigen Eingriffe wirken sich aber mit großer zeitlicher Verzögerung aus. 1,3 Millionen Wanderbarrieren – Abstürze und Dämme – gibt es in den europäischen Fließgewässern (www.amber.international). Alleine in der Schweiz befinden sich im rund 65 000 Kilometer langen Fließgewässersystem über 100 000 künstliche Barrieren mit einer Höhe von 50 Zentimeter und mehr (Zeh Weissmann et al. 2009). Schon Abstürze ab dieser Höhe sind für manche Wasserlebewesen unüberwindbare Barrieren. Fischpopulationen sind auf den Austausch mit Vorkommen in anderen Flussabschnitten angewiesen. Die fehlende oder stark beeinträchtige Durchgängigkeit verhindert, dass Fische hohe Dichten an Individuen oder Biomassen erreichen können.

Die elektrizitätswirtschaftliche Nutzung der Wasserkraft ist ebenfalls nicht neu, und deren negative Auswirkungen auf die Gewässerfauna sind hinlänglich bekannt (siehe auch Seite 105 f). Doch auch nach dem Bau eines Kraftwerks können Jahre vergehen, bis die Folgen des Eingriffs auf die Lebensgemeinschaft des Gewässers offensichtlich werden. Ein Problem, das sich in den letzten Jahren verschärft hat, ist der rasche Wechsel von Schwall und Sunk – eine Folge der Liberalisierung des internationalen Elektrizitätsmarktes. Der Elektrizitätsverbrauch Europas schwankt im

3 Sunk- und Schwall im Rhein bei Mastrils im Kanton Graubünden: Weil der Strombedarf stark schwankt, ändert sich die Abflussmenge in elektrizitätswirtschaftlich genutzten Gewässern mehrmals täglich. Teile des Flussbetts fallen trocken und werden wieder überflutet. Das Bild ganz rechts zeigt eine Groppe, die Opfer eines Sunks geworden ist.

Tagesverlauf massiv. Die Abflussmenge in den Fließgewässern verändert sich deshalb mehrmals täglich. Die Fische sind damit überfordert (Cushman 1985).

Beim Ausbau der Hydroelektrizität ist kein Ende in Sicht. Nicht zuletzt im Hinblick auf den notwendigen Ausstieg aus den fossilen Energieträgern soll die Wasserkraft in Zukunft verstärkt gefördert werden. Diese Entwicklung wird nicht spurlos an den Wasserlebewesen vorbeigehen.

Mehr und mehr zu schaffen macht den Forellen die PKD (proliferative kidney disease). Diese Krankheit tritt vor allem in Gewässern des Unterlandes auf. Steigende Wassertemperaturen als Folge der Klimaerwärmung verschärfen das Problem, denn der Verlauf der PKD ist temperaturabhängig. Bereits bei einem Wassertemperaturanstieg von über 15 °C während 2–4 Wochen kommt es zu einem klinischen Ausbruch, der mit einer hohen Sterblichkeit verbunden sein kann (Strepparava et al. 2018). Betroffen sind namentlich die Sömmerlinge (Wahli et al. 2002).

Mehr Fisch!

Wie fischreich muss ein Gewässer sein, damit es einen lebensfähigen Fischotterbestand beherbergen kann? 100 Kilogramm Fischbiomasse pro Hektar Gewässeroberfläche gelten allgemein als ausreichende Nahrungsbasis, 50 Kilogramm pro Hektar als noch knapp genügend (Ruiz-Olmo et al. 2001). Manche europäischen Gewässer erfüllen diese Voraussetzung nicht mehr. Fischotterförderung heißt somit in erster Linie Fischförderung. Gefordert ist ein erneuter grundlegender Umbau der Gewässerlandschaft – hin zu mehr Vielfalt, mehr Dynamik und mehr Strukturreichtum in und an den Gewässern. Dazu brauchen die Flüsse und Bäche vor allem mehr Raum – und weniger Barrieren.

Umgehungsgewässer ermöglichen heute den Fischen den Aufstieg an vielen Stauwehren. Bei der Wanderung flussabwärts besteht hingegen noch großer Handlungsbedarf: Die Strömung leitet die Fische direkt zu den Turbinen, wo sie zu Tausenden verletzt oder getötet werden. Vor allem bei großen Flusskraftwerken bleibt der schonende Fischabstieg eine Herausforderung für die Forschung (Kriewitz et al. 2015). Zumindest für kleinere Kraftwerke stehen entsprechende Technologien aber zur Verfügung. Sie werden jedoch noch kaum angewendet (pers. Komm. A. Peter).

3

Der Wechsel von Hoch- und Niedrigwasser ist durch die elektrizitätswirtschaftliche Nutzung der Wasserkraft geprägt – und das wird auch noch lange so bleiben. Es gibt aber Möglichkeiten, das Abflussregime zu verbessern und die negativen Auswirkungen von Wasserkraftwerken – gestörter Geschiebehaushalt, Schwall-Sunk – zu mildern, etwa durch eine optimierte Steuerung der Wasserentnahme und -rückgabe. Auch eine Anhebung der vielerorts ungenügenden Restwassermengen wirkt sich positiv auf die Fische aus. Ungenügend ist vielerorts auch das Angebot von Kleinstrukturen in den Gewässern. Ein wichtiges Element ist Totholz, das natürliche Unterstände für Wasserlebewesen bietet. Wo Totholz im Gewässer bleiben darf, ist die Forellendichte höher (Hafs et al. 2014).

Naturnahe Ufer

An den Mittel- und Unterläufen der Fließgewässer bestünde die Ufervegetation eigentlich aus Hartholz- und Weichholzauen sowie – gut verzahnt mit den Gehölzen – immer wieder klein- und hochwüchsigen Röhrichten (Pott & Remy 2008). Doch diese Lebensräume sind in ganz Europa stark gefährdet und bestehen nur noch aus Restfragmenten.

Eine reiche Ufervegetation wertet ein Gewässer als Lebensraum für zahlreiche Wasserlebewesen auf. Für Fische erhöht sich das Nahrungsangebot und sie finden mehr Unterschlupf. In Abschnitten mit naturnahen Ufern ist denn auch die Fischbiomasse am höchsten (Fette et al. 2007). Die Vegetation am Gewässerrand puffert außerdem den Eintrag von Pestiziden und Gülle aus der Landwirtschaft ab und bildet in der ansonsten ausgeräumten Landschaft ein grünes Band, über das sich Tiere und Pflanzen ausbreiten können. Zudem kühlen die Gehölze durch ihren Schattenwurf das Gewässer. Dies ist vor allem im Hinblick auf den Klimawandel ein überaus willkommener Effekt. In der Schweiz haben die Durchschnittstemperaturen im Rhein und in der Aare seit 1960 um 2°Celsius zugenommen. Noch extremer ist der Anstieg in den kaum bestockten kleinen Gewässern des Unterlandes (Jakob 2010). Der

4 Eine üppige und natürliche Ufervegetation ermöglicht es dem Fischotter, den Tag ungestört zu verschlafen.

Trend hält an. Er führt dazu, dass manche Wasserorganismen verschwinden. Denn jedes Lebewesen hat ein arteigenes Temperaturoptimum. Verändert sich die Wassertemperatur, leidet die Konkurrenzfähigkeit. Schon ein geringer Anstieg bringt die aquatische Lebensgemeinschaft durcheinander. Arten, die sich nur im kühlen Nass wohlfühlen, verschwinden. Ein bestocktes Ufer kann diesen Prozess zwar nicht stoppen, aber immerhin bremsen.

Erhöhung des Schlafplatzangebots

Im Uferbereich finden Fischotter geschützte Schlafplätze (siehe auch Seite 110 ff). Am liebsten wechseln sie diesen täglich. Entlang von Fließgewässern brauchen sie daher eine große Auswahl unterschiedlich gearteter Tagesverstecke, gut verteilt über ihr gesamtes Revier (Green et al. 1984; Beja 1996,

4

Weinberger 2016). Eine dichte, naturnahe Ufervegetation ist dazu eine zwingende Voraussetzung (Green et al. 1984; Weinberger 2016). Oft fehlen entlang der Fließgewässer oberirdische Unterschlüpfe. Das Holz, das beim Uferunterhalt anfällt, wird heute in der Regel gehäckselt und abgeführt. Zurück bleibt ein aufgeräumtes, aber leeres Landschaftsbild. Dabei wäre es ein Leichtes, mit dem Schnittgut Asthaufen entlang des Ufers anzulegen. Viele Insekten, Amphibien, Reptilien und Kleinsäuger benötigen solche Strukturen als Rückzugsorte – und der Fischotter nutzt Asthaufen gerne als Tagesverstecke.

Weitab vom Menschenlärm

Wer schläft, ist schutzlos. Fischotter benötigen Sicherheit und Ruhe an ihrem Schlafplatz. Doch damit ist es an unseren Gewässern schon länger vorbei. Viele Ufer sind von Straßen, Fuß- und Radwegen gesäumt. Es wird gebadet, geangelt, gejoggt, gewandert, geradelt oder den Hund spazieren geführt. An sonnigen Sommertagen lassen sich Hunderte von Personen in Schlauchbooten die Flüsse hinuntertragen. Gewässer zählen zu unseren wichtigsten Erholungsgebieten, wobei wir die naturnahen Abschnitte bevorzugen (Kienast et al. 2012; McCormick et al. 2015)

Nicht erholsam sind diese Aktivitäten hingegen für die Wildtiere. Die meisten reagieren überaus gestresst. Bei einigen Arten ist die Reaktion auf Menschen gar stärker als auf ihre natürlichen Feinde (Ciuti et al. 2012). Es überrascht denn auch nicht, dass der Fischotter am liebsten etwas abseits vom Rummel schläft. Besonders, wenn die Ufervegetation eher spärlich ist, erträgt er keine Störung (siehe auch Seite 116). Diese Sensibilität könnte den Fischotter an der Wiederbesiedlung von manchen Regionen Mitteleuropas hindern. Möglicherweise sind störungsfreie Tagesschlafplätze ein limitierender Faktor für ihn, zumal die Weibchen zwingend auch Wurfhöhlen brauchen, in denen sie ihre Jungen während zwei Monaten in Sicherheit wähnen möchten. Die Ansprüche an die Wurfhöhlen sind damit noch höher als bei den Tagesverstecken. Wildruhezonen an Gewässern können das Problem entschärfen. Namentlich dort, wo ruhige Lebensräume nur beschränkt vorhanden und menschliche Aktivitäten intensiv sind, sorgen sie für eine räumliche Entflechtung der Raumnutzung von Mensch und Wildtier.

5

Freie Bahn für den Fischotter

Der Fischotter ist hochmobil und kann über weite Distanzen abwandern (Sjoasen 1997), doch wird er durch die Fragmentierung der Gewässerlandschaft in seinen Bewegungen stark eingeschränkt (Dallas et al. 2002; Robitaille & Laurence 2002). Barrierewirkung haben namentlich große Städte, starke Gewässerverschmutzung entlang eines mindestens 50 Kilometer langen Abschnittes, Strecken mit niedrigen Fischbeständen, Stauwehre sowie Restwasserstrecken (siehe Janssens et al. 2006).

Die Vernetzung von ottertauglichen Gewässerlebensräumen ist entscheidend für die Erhaltung der Art in Europa (Reuther 1980a). Ohne Zuwanderung sind kleine, zersplitterte Populationen dauernd in Gefahr, zu erlöschen und leiden unter Inzucht. Tatsächlich verändert sich die genetische Variabilität bei isolierten Fischottervorkommen schon innerhalb von wenigen Jahrzehnten (Tison et al. 2015). Bereits Distanzen über 150 Kilometern zum nächsten Vorkommen können zu einer genetischen Isolation führen (Dallas et al. 2002). Daher sind in stark belasteten oder veränderten Gewässern kleinräumige Trittsteine im Abstand von weniger als 50 Kilometern wichtig.

6

5 Der Erholungsbetrieb der Menschen an Fließgewässern setzt die Fischotter mancherorts unter Stress. Die Einrichtung von Wildruhezonen an Gewässern kann das Problem entschärfen.

6 Manchmal bringen auch Bagger Unruhe in einen Fischotterlebensraum: Neubau der Uferbefestigung an einem Bach.

Lebensraumanalysen und Habitatmodelle, die in den letzten Jahren in verschiedenen Regionen Europas erarbeitet wurden, dienen dazu, Vernetzungsprojekte richtig zu konzipieren (z. B. Kemenes & Demeter 1995; Robitaille & Laurence 2002; Reuther 2004; Prigioni et al. 2008; Loy et al. 2009; Marcelli et al. 2012; Carone et al. 2014). Wo kommt der Fischotter vor, wo besteht in der fraglichen Region Potenzial, dass er sich da niederlässt? Welche Aspekte sind hier für die Art bedeutend? Antworten auf diese Fragen erlauben es, Punkte auf der Karte zu markieren, die es zu vernetzen gilt (Carranza et al. 2012; Cianfrani et al. 2013; Van Looy et al. 2013).

Revitalisierend

In Sachen Aufwertung und Vernetzung der Gewässerlebensräume ist derzeit in Europa einiges im Gang. In Deutschland wurde 2017 das Projekt «Blaues Band» von der Bundesregierung genehmigt. Betroffen sind die Wasserstraßen im Besitz des Bundes. Für den Gütertransport werden heute vor allem die großen

Flüsse und Kanäle genutzt. Auf rund 2800 Kilometern Nebenwasserstraßen ist hingegen kaum noch Fracht unterwegs. Diese sollen in den nächsten 30 Jahren ökologisch aufgewertet und zu einem landesweiten Netz von vielfältigen Gewässerlebensräumen verbunden werden (www.blaues-band.bund.de).

In der Schweiz legte das 2011 revidierte Gewässerschutzgesetz erstmals einen minimalen Gewässerraum für Fließgewässer fest. Zugleich wurde ein Programm zur Wiederbelebung verbauter, korrigierter oder eingedolter Bäche gestartet. Vorgesehen ist, bis Ende dieses Jahrhunderts 4000 Kilometer Gewässerläufe zu revitalisieren.

Länderübergreifend ist das Projekt «Lachs 2000/2020». Es hat den barrierefreien Aufstieg des Atlantischen Lachses bis in den Alpenrhein zum Ziel. Der Weg vom Meer in die Alpen und zurück wird damit auch für andere aquatische Wasserlebewesen wieder frei.

Sauberes Wasser

Noch weitgehend ungeklärt sind die ökologischen Auswirkungen der verschiedenen Insektizide, die in hohen Mengen in die Gewässer gelangen. Schon kleine Dosen sind für viele Wasserorganismen toxisch. Das ist ja auch der Zweck ihrer Anwendung in der Landwirtschaft: Sie sollen schädliche Insekten effizient töten. Gelangen sie in ein Gewässer, wirken sie weiter. Damit schwindet die Nahrungsgrundlage für die Fische.

Besonders groß ist die Belastung mit Pestiziden in kleinen Gewässern. In einer Schweizer Studie wurden 128 Wirkstoffe von Pflanzenschutzmitteln in kleinen Gewässern nachgewiesen. Bei 32 Stoffen lag die Konzentration oberhalb der Grenzwerte, die aufgrund ökotoxikologischer Kriterien festgelegt wurden. Eine langfristige Schädigung der Wasserlebewesen ist die Folge (Doppler et al. 2017). So ist die Sterblichkeit von Bachflohkrebsen – wichtige Beute für viele Fische – durch die Belastung der Gewässer mit Pflanzenschutzmitteln erhöht (Langer et al. 2017). Viele Insektizide sind auch für Wirbeltiere schädlich. Versuche ergaben, dass sich Fische in belastetem Wasser weniger bewegen, weniger fressen und ein vermindertes Fluchtverhalten zeigen (Kerby et al. 2012).

Auch Mikroverunreinigungen mit hormonähnlicher Wirkung aus unterschiedlichsten Quellen, die in den Abwasserreinigungsanlagen (ARA) nicht oder nur ungenügend abgebaut werden, können Lebewesen schon in

7 Bäche, die durch intensiv genutztes Agrarlandgrenzen fließen, sind übermäßig mit Pestiziden und Düngern belastet.

geringen Dosen schädigen und sich nachteilig auf die Fortpflanzung auswirken. So zeigte sich, dass unterhalb von ARAs ein erhöhtes Risiko für eine beeinträchtigte Fortpflanzung der Fische besteht (Kunz et al. 2016).

Damit durch die Belastung des Wassers mit Schadstoffen für Fische und andere Wasserorganismen weder eine akute Bedrohung noch eine langfristig negative Auswirkung auf ihre Fitness ausgehen, müssen die Pestizideinträge in die Gewässer massiv reduziert werden. Anzustreben sind dazu eine Reduktion in der Anwendung der Schadstoffe sowie eine Vergrößerung der Uferbereiche als Puffer. Die ARAs sind zu optimieren und wenn nötig zu sanieren, sodass sie auch Mikroverunreinigungen aus dem Abwasser entfernen.

Stopp den POPs

Die meisten Substanzen aus der Gruppe der langlebigen organischen Verbindungen (persistent organic pollutants POPs), die am Rückgang der Otterbestände nach Mitte des 20. Jahrhunderts beteiligt waren, sind heute verboten. Leider sind sie aber nicht aus der Umwelt verschwunden. Nach wie vor im Umlauf sind zum Beispiel die heute teilweise verbotenen PBDEs (polybromierte Diphenylether). Diese Verbindungen wurden als Flammschutzmittel in Kunststoffen und elektronischen Geräten in großem Maßstab angewendet, und gelangen von da auch heute noch in die Umwelt. Zwischen 1997 und 2004 wurden allein durch die unsachgemäße Entsorgung von elektronischen Geräten 0,6 bis 1,2 Millionen Tonnen PBDEs freigesetzt (Martin et al. 2004).

Rückstände von PBDEs in Fischottern wurden vor kurzem in einer englischen Studie nachgewiesen – zusammen mit DDT und PCBs (Pountney et al. 2015). Das ist alarmierend, denn in Kombination mit PCBs sind PBDEs deutlich toxischer als allein (Poon et al. 2011).

Doch auch andere Stoffe geraten in den Fokus: PFOS (Perfluoroctansulfonsäure) gehört zu den perfluorierten Tensiden und wird unter anderem zur Imprägnierung von Kleidern, Möbeln oder Teppichen verwendet. Auch diese Substanz ist langlebig und reichert sich entlang der Nahrungskette an. Aufgrund der hohen Giftigkeit für Säugetiere, und damit auch für Menschen, wurde sie im Jahr 2009 in die Stockholmer Konvention über POPs aufgenommen. In Europa ist die Anwendung heute stark eingeschränkt, in Asien ist die Produktion hingegen noch in vollem Gang. Ein Ersatzstoff für PFOS ist PFOA

(Perfluoroctansäure), ebenfalls eine Säure aus der Gruppe der perfluorierten Tenside. Leider ist auch diese Substanz nicht harmlos: In Tierversuchen mit Fischen und Nagetieren bewirkte sie Schäden an Lunge und Leber, eine eingeschränkte Fortpflanzung, eine verminderte Überlebensrate von Jungtieren, Gewichtsverlust, Verhaltensänderungen und eine erhöhte Sterblichkeit bei adulten Tieren. In Seeottern, die an Infektionen verstorben waren, fanden sich hohe PFOA-Gehalte im Körper (Kannan et al. 2006).

Plastik überall

In den letzten 60 Jahren stieg die jährliche globale Produktion von Plastik von 1,7 auf 322 Millionen Tonnen (www.plasticseurope.org). In Gewässern verheddern sich Tiere im Plastik oder fressen ihn, da sie ihn irrtümlich als Beute betrachten. Das unverdauliche Material kann sich im Magen-Darmtrakt ansammeln. Als Folge davon verhungert das Tier (Derraik 2002).

Allein die Donau schwemmt jährlich mehr als 1533 Tonnen Plastik in das Schwarze Meer. In diesem Strom schwimmen unterdessen mehr Plastikpartikel als Fischlarven (Lechner et al. 2014). Und die Wasserlebewesen nehmen sie auf: Eine Studie an Fischen, die für den menschlichen Verzehr gefangen worden waren, ergab, dass über ein Viertel von ihnen Plastik gefressen hatte. Die Auswirkungen sind immens und bei Weitem noch nicht absehbar, denn Plastik setzt im Verdauungstrakt teilweise hochgiftige Substanzen frei (Rochman et al. 2015). Auch hat Mikroplastik hormonähnliche Wirkungen: Es wird in Verbindung gebracht mit der Abnahme der Fischbestände und dem Verlust von Fischarten (Rochman et al. 2013).

Ob Fischotter von der Verschmutzung der Gewässer mit Mikroplastik auch direkt betroffen sind, wurde bis heute nicht untersucht. Doch auch sie futtern über die Fische Plastik: In England wurden bereits Plastikpartikel in Losungen gefunden (Wright et al. 2017).

Maßnahmen gegen den Straßentod

Zu viele Fischotter sterben im Straßenverkehr. Die meisten Unfälle ereignen sich auf Straßen, die bis zu 200 Meter vom nächsten Gewässer oder Feuchtgebiet entfernt sind. Die Hotspots befinden sich an Orten, wo sich eine Straße mit einem Gewässer kreuzt oder eine Gewässerlandschaft durchschneidet (Reuther 2002a).

Verhaltensänderungen der Automobilisten, aber auch bauliche Maßnahmen könnten das Unfallrisiko senken. Nur schon eine Geschwindigkeitsbegrenzung wäre hilfreich: Fischotter werden häufig auf Abschnitten überfahren, auf denen Tempi von 100 km/h oder mehr erlaubt sind (Jancke & Giere 2011).

Ideal aber wäre die Situation, wenn Fischotter gar nicht den Weg auf eine Straße fänden. Die Tiere verlassen Fließgewässer meist nur, um eine Brücke zu überqueren. Dies liegt nicht daran, dass sie ungern unten durch schwimmen würden – viel eher sind höhlenartige Brücken für Fischotter als Markierungsplätze überaus attraktiv. Gibt es unter der Brücke einen trockenen Uferstreifen, markieren die Tiere meist hier. Fehlt aber ein solches Bankett, verlassen sie oft das Gewässer und setzen ihre Losung oberhalb der Brücke ab. Sie queren dann die Straße und riskieren, überfahren zu werden. Auch Rohre, Wehre, Rechen und Abstürze können den Fischotter zwingen, aus dem Gewässer zu steigen und das Hindernis über die Straße zu umgehen. Essentiell für den Fischotterschutz ist daher die Gestaltung von Brücken und Rohren: Fischotterfreundliche Bauwerke weisen einen naturnahen, breiten und hochwassersicheren Uferstreifen auf. Schon ein einseitiges Bankett genügt. Das Unfallrisiko ist dann deutlich niedriger als an Brücken, wo ein Uferstreifen beidseitig fehlt (Niemi et al. 2014). Bei Brücken ohne Uferstreifen besteht die Möglichkeit einer Sanierung durch den nachträglichen Einbau eines Banketts. Auch kleine Laufstege werden von Fischottern und anderen Tieren schnell angenommen. Diese müssen jedoch mindestens 25 Zentimeter breit sein und hoch genug angebracht werden, um auch bei maximalem Wasserstand trocken zu bleiben.

Fischotter wechseln auch zwischen Teichen, Seen und anderen Gewässern, die nicht durch Fließgewässer oder Wassergräben verbunden sind. In England werden entlang möglicher Fischotterwechsel gelb-weiße Wildwarnreflektoren in einer Höhe von mindestens 70 Zentimetern – und damit über der Vegetation – angebracht. Sie reflektieren das Scheinwerferlicht der herannahenden Autos in Richtung der Tiere, die sich der Straße nähern. Diese sollen dadurch davon abgehalten werden, die Straße zu überqueren. Rote

3 Plastikabfall findet sich in wachsenden Mengen in allen Gewässern. Auch Fischotter sind davon betroffen: In England wurden Plastikpartikel in der Losung nachgewiesen.

9 Achtung Otter: Auch Verhaltensänderungen der Automobilisten können dazu beitragen, die Verluste im Straßenverkehr zu mindern.

10 In herkömmlichen Reusen ist der Fischotter eingesperrt (oben). Otterfreundliche Reusen (unten): Ein Fischotter entweicht der Falle durch eine Klappe. Den Fischen fehlt Kraft, um diese zu öffnen.

11 Ein Gitternetz mit rautenförmigen Maschen versperrt den Fischottern den Zugang zur Reuse – nicht aber großen, hochrückigen Fischen.

9

Warnreflektoren hingegen sind – wenn sie den Fischotter warnen sollten – weitgehend nutzlos: Das Fischotterauge nimmt rotes Licht nicht wahr (Griebel & Peichl 2003).

Ottersichere Reusen

Nach wie vor ertrinken Fischotter in Reusen. Seit über 30 Jahren wird an fischottersicheren Reusen geforscht (Koed & Dieperink 1999), denn ein solches Produkt zu entwickeln, ist schwieriger als gedacht. Lange galt ein Gitter vor dem Reuseneingang als einzige Lösung. Bei einer Öffnungsweite von 8,5 mal 8,5 Zentimetern hält es erwachsene Fischotter sicher davon ab, in die Falle zu tappen. Der Aalfang wird dadurch nicht gemindert: Die Tiere winden sich auch durch kleine Öffnungen (Madsen 1991). Für andere größere Fische wird hingegen der Eingang in die Reuse durch das Gitter versperrt. Gitter mit rautenförmigen Maschen können auch hochrückige Fische bis zu einer bestimmten Größe passieren – nicht aber der Fischotter.

Einen anderen Ansatz verfolgt die deutsche Aktion Fischotterschutz. Sie arbeitet an Reusen mit einer Fluchtöffnung, die dem Fischotter den Ausstieg aus der Falle ermöglicht – nicht aber den Fischen. In Gehegen testete sie unterschiedliche Ausstiegssysteme, unter anderem solche mit Klappen und Reißnähten. Dabei zeigte sich, dass diese Ansätze durchaus funktionsfähig sein können (Krüger 2012). In der Folge verbesserte die Aktion Fischotterschutz in Zusammenarbeit mit Fischereiverbänden und der Tierärztlichen Hochschule Hannover die Systeme. Dabei wurde eine Reißnaht, eine Art Sollbruchstelle, zur Praxisreife entwickelt (Reckendorf in Vorb.). Diese wird inzwischen von einer norddeutschen Netzfabrik kommerziell produziert.

10

11

Otterforscher – Otterspotter

Fischotter führen vielerorts ein heimliches und nachtaktives Leben. Nur schon herauszufinden, ob und wie viele Tiere in einer Region vorkommen, ist eine Herausforderung. Wer die Art erforschen möchte, braucht viel Geduld – oder innovative Forschungsmethoden.

Vieles, was wir heute über den Fischotter wissen, verdanken wir Menschen, die viel Herzblut und Zeit in die Erforschung dieser Art investierten. In den 1980er-Jahren beobachteten Hans Kruuk und seine Studenten an der Küste der Shetland Islands während Hunderten von Stunden die ansässigen Fischotter, ausgerüstet mit einem Feldstecher oder einem Fernrohr. Dabei konnten sie die Tiere anhand der hellen Flecken auf Kinn und Hals, welche die Shetlandotter tragen, individuell erkennen. Manche Individuen hatten sie auch gefangen und mit einer farbigen Ohrmarke gekennzeichnet. So kannten sie nach fünf Jahren die Personalien von nahezu 60 Individuen (Kruuk 1995). Möglich war dies allerdings nur, weil ihre Studienobjekte am helllichten Tag aktiv sind. Fischotter an Binnengewässern sind hingegen dämmerungs- und nachtaktiv. Allein mit Beobachten kommt man da auf keinen grünen Zweig.

Spuren im Schnee

Umso bewundernswerter ist die Arbeit von Sam Erlinge, dem Fischotterforscher der ersten Stunde. Die Resultate seiner Arbeiten haben heute noch Geltung. In den 1960er- und 1970er-Jahren untersuchte er das Bewegungsmuster und die Territorialität von Fischottern in Schweden – alleine aufgrund der Trittsiegel der Tiere im Schnee (Erlinge 1967, 1968a). Wer Fährten lesen kann, findet viel über die ansässigen Fischotter heraus. Aufgrund der Größe der Trittsiegel sowie der Anzahl der Spuren im Schnee lässt sich die Zahl der Individuen in einem Gebiet abschätzen. Dabei ist die Fährte von adulten Einzeltieren gut von denjenigen führender Weibchen unterscheidbar: Die

Muttertiere sind im Normalfall nicht alleine unterwegs, und so sind ihre Spuren gesäumt von den Trittsiegeln der Jungen. In schneereichen Gebieten erbringt die Analyse der Fährten Erkenntnisse über Vorkommen, Bestandestrends, Reproduktionsrate und Streifgebietgrößen (Sulkava & Liukko 2007; Sulkava & Sulkava 2009). In der Tat gilt diese Methode als eine der besten und effizientesten, um die Bestandesentwicklung abzuschätzen. Voraussetzung ist jedoch eine Schneedecke. Dies schränkt die Feldtage für eine Kartierung in Mitteleuropa ein. In guten Wintern kann man dem Fischotter jedoch auch hierzulande auf der Spur sein (Klenke 2002; Kranz et al. 2013). Ideal ist die Fährtensuche nach frischem Schneefall am Vortrag.

Vorhergehende Doppelseite:
Scharf beobachtete Fischotter: Für die Forschung und das Monitoring der Fischotterpopulationen werden auch automatische Kameras eingesetzt.

1

Fischotterfährte im Schnee: Nach wie vor kommen in der Otterforschung auch alte Trappermethoden zum Einsatz.

Standardisierte Kartierung

Nicht überall liegt jedoch genug Schnee. Nur schon herauszufinden, ob und wo Fischotter vorkommen, ist eine Herausforderung. Ein standardisiertes Verfahren zur Kartierung ihrer Verbreitung wurde in den späten 1970er-Jahren entwickelt (Mason & Macdonald 1986). Die sogenannte Transektmethode wurde von der Weltnaturschutzorganisation IUCN (Union for Conservation of Nature and Natural Resources) als Standardmethode anerkannt. Fischottervorkommen lassen sich damit großflächig und relativ effizient erfassen (Reuther et al. 2000). Bei der Methode wird das Untersuchungsgebiet in 10 × 10 Kilometer große Quadrate unterteilt. Innerhalb jedes Quadrates bestimmt man an mindestens 4 Orten je einen 600 Meter langen Abschnitt entlang einem Gewässer. Dieser Transekt liegt in einem für Fischotter geeigneten Lebensraum und umfasst mehrere attraktive Markierplätze wie Zusammenflüsse von Gewässern, Inseln, Ausstiege sowie Brücken. Der Abschnitt wird pro Kartierung – die meist im Abstand von 6–10 Jahren erfolgt – einmal begangen und nach Losung und Trittsiegeln von Fischottern abgesucht. Doch obwohl sie leicht zu erkennen sind, übersehen selbst geschulte Personen im Durchschnitt drei von vier Kotmarkierungen (Parry et al. 2013). Auch findet man Fischotterkot unterschiedlich häufig: Je nach Populationsgröße, Jahreszeit, Wetter, Lebensraum und Grad der menschlichen Störung markieren die Tiere mehr oder minder intensiv (Jefferies 1986; Macdonald & Mason 1987; Romanowski et al. 1996; Brzeziński & Romanowski 2006; Romanowski 2013). Erst mehrere Transekte zusammen ergeben daher ein relativ sicheres Bild über das Vorkommen von Fischottern im 10 × 10 Kilometer großen Quadrat (Kruuk et al. 1986).

Über die Bestandesentwicklung gibt diese Kartierung nur vage und indirekt Auskunft – durch neue Nachweise an bislang fischotterfreien Standorten oder durch das Ausbleiben von Kot- oder Fährtenfunden an früher positiv beprobten Plätzen. Als grober Indikator für die Bestandsentwicklung gilt eine Kombination des Anteils der Transekte mit Kotfunden und der durchschnittlichen Zahl der Losungen pro Transekt (Mason & Macdonald 2004; Romanowski 2013).

Unter der Brücke

Die IUCN Standardmethode wird heute in vielen Ländern angewandt. Die Ergebnisse sind dadurch international vergleichbar. Doch die Losungs- und Fährtensuche braucht Zeit und Geld. Wo beides fehlt, werden innerhalb der 10 × 10 Kilometer-Quadrate bloß einzelne Orte kontrolliert. Dabei konzentriert man sich auf Stellen, die für Fischotter als ideale Markierungsorte gelten: Mündungen, Fischtreppen, Inseln – aber vor allem niedrige und breite Brücken. Voraussetzung ist allerdings, dass unter der Brücke seitlich ein für die Tiere zugängliches, mit Steinen durchsetztes Bankett vorhanden ist, das auch bei Hochwasser trocken bleibt. Vor allem in sehr eintönigen Gewässern wie Kanälen oder eingedämmten Fließgewässern sowie entlang von niedrigen Uferbänken mit dichter Ufervegetation wird Fischotterlosung fast ausschließlich unter Brücken gefunden (Romanowski et al. 1996). Unter einer Brücke bleibt die Losung lange erhalten, da sie der Witterung nicht ausgesetzt ist. Auch sind Brücken klar definierte und meist gut zugängliche Orte. Aus diesem Grunde ist es einer Person möglich, mit gleichem zeitlichen Aufwand mehr Orte zu kontrollieren als mit der Standardmethode. Wichtig ist dabei, dass genügend geeignete «Fischotterbrücken» die Gewässer queren. Wo die Begebenheiten stimmen, ist diese Art der Kartierung überaus effizient. Sie wird beispielsweise in Österreich erfolgreich angewandt (z. B. Kranz & Polednik 2009; Kranz & Poledník 2015).

2 Auf den Banketten unter niedrigen Brücken deponieren Fischotter gerne ihre Losung.

3 Eine Otterforscherin freut sich über den Fund einer frischen Markierung.

2

3

4 Spürhund auf der Suche nach Fischotterlosung: Die Hundenase riecht vieles, was der Mensch übersieht.

Hundenasen im Einsatz

Speziell ausgebildete Hunde können das Auffinden von Fischotterlosungen enorm erleichtern. In vergleichenden Testläufen hat sich gezeigt, dass man mit einem Spürhund 30 Prozent weniger Zeit braucht, um ein Gebiet abzusuchen als durch Losungssuche gemäß der Standardmethode. Zudem findet man dabei bis zu viermal mehr Otterlosungen – darunter auch solche, die visuell nicht auffallen (Karp et al. 2018).

Die Losungen von Fischotter und Amerikanischem Mink *(Neovison vison)* sind leicht zu verwechseln (Harrington et al. 2010). Wo beide Arten vorkommen, kann ein allein auf Losungssuche basierendes Monitoring daher die Verbreitung des Fischotters überschätzen (pers. Komm. A. Grimm-Seyfarth). Ausgebildete Spürhunde erschnüffeln jedoch mit ihrer feinen Nase den Unterschied. Sie zeigen nur Fischotterlosung an und ignorieren zuverlässig jede andere Tierart. Spezifisch auf Otterlosung trainierte Spürhunde sind bereits in Teilen Deutschlands und der Schweiz erfolgreich im Einsatz.

Genetische Analysen

Losungen sagen jedoch nur wenig über den Bestand und dessen Mitglieder in einem Gebiet aus. Genetische Kotanalysen können die Kartierungen ergänzen. Sie liefern Informationen zur Populationsgröße und deren Entwicklung, zum Geschlechterverhältnis und dem Turn over innerhalb der Population (Dallas et al. 2003; Hájková et al. 2007; Koelewijn et al. 2010). Auch lassen sich die Verwandtschaft der Tiere untereinander bestimmen, und die genetische Vielfalt innerhalb einer Population schätzen und gar die Abwanderung erfassen (Kalz et al. 2006; Janssens et al. 2008; Quaglietta et al. 2013).

Leider macht es der Fischotter den Genetikerinnen und Genetikern aber nicht leicht. Obwohl genetische Analysen schon seit längerer Zeit in zahlreichen Gebieten eingesetzt werden, variiert die Erfolgsquote bis jetzt noch stark. Oft enthalten gerade mal 14–24 Prozent der Kotproben genug Otter-DNA, um brauchbare Resultate zu erbringen (Hájková et al. 2009). Je niedriger die Temperaturen, je frischer die Proben und je rascher sie im Labor sind, desto höher ist die Wahrscheinlichkeit, dass die Analyse erfolgreich ist (Hajkova et al. 2006).

Wo Laboranalysen gelingen, bringen sie dafür immer wieder Unerwartetes zum Vorschein: In der Mecklenburgischen Seenplatte lebt eine der vitalsten Otterpopulationen Deutschlands. Doch wie viele Individuen sind es denn genau? Beate Kalz machte sich an die genetischen Analysen von Losungen, die im Naturpark Nossentiner/Schwinzer Heide gefunden wurden. Sie konnte 53 Tiere identifizieren. Hinzu kamen sechs Otter, die man im Lauf der Untersuchung tot aufgefunden hatte. Der ermittelte Gesamtbestand betrug somit 59 Tiere – 32 Männchen und 27 Weibchen. Bei 56 Tieren ließ sich mittels Hormonanalyse auch das Alter bestimmen: 33 waren über 2-jährig, 23 jünger. Der ermittelte Bestand war damit 2,5-mal höher als man bis dahin geschätzt hatte. Doch bloß 30–40 Prozent der Fischotter besaßen ein Territorium. Die Mehrheit bildeten Jungtiere sowie durchziehende, subadulte und adulte Individuen (Kalz et al. 2006).

Indessen werden auch mit genetischen Analysen oft nicht alle Tiere erfasst. In zwei Auswilderungsprojekten, bei denen man die Anzahl der Fischotter im Gebiet kannte, ließen sich nur 50–70 Prozent der anwesenden Individuen genetisch nachweisen (Koelewijn et al. 2010; Bonesi et al. 2013). Es wird vermutet, dass Tiere je nach Geschlecht, Fortpflanzungsstatus und Dominanz unterschiedlich häufig markieren (Rostain et al. 2004; Bonesi et al. 2013). Denn einige genetische Studien weisen einen merklich höheren Anteil an Männchen als an Weibchen aus. Beobachtungen zeigen zudem, dass Männchen oft mehr an Land markieren, während Weibchen ihren Kot häufig einfach ins Wasser entlassen (Kruuk 1992). Sie werden daher bei genetischen Analysen nur unzureichend berücksichtigt.

Losung lesen

Die Losung gibt Einblick in das Beutespektrum (Jurajda et al. 1996; Blanco-Garrido et al. 2007; Pagacz & Witczuk 2010; Krawczyk et al. 2016). Auch werden die Markierplätze dazu genutzt, den Anspruch an den Lebensraum zu erfassen (Mason & Macdonald 1986; Brzezinski et al. 2006; Remonti et al. 2008b) oder zu modellieren (Ottaviani et al. 2009; Cianfrani et al. 2013; Carone et al. 2014). Allerdings zeigen sie bloß, wo der Fischotter gerne markiert – und nicht, wo er am liebsten lebt (Kruuk et al. 1986). In England ist man denn auch davon abgekommen, speziell für Fischotter Ahornbäume entlang der Ufer zu pflanzen – bloß weil man bei dieser Baumart gehäuft Losung fand (Mason & Macdonald 1986).

Ebenfalls über die Losung erforscht wurden die Größe der Streifgebiete und die Bewegungsmuster. Man impfte dazu eingefangene Fischotter mit radioaktiven Isotopen und untersuchte später die Losungen im Feld mit einem Geigenzähler (Chanin 2003). Das harmlose Zink-65-Isotop ermöglichte es, mehr über die Raumnutzung von Fischottern und die Überlagerungen von Territorien zu erfahren (Kruuk 2006).

Otter am Sender

Die Forschungsmethode der Telemetrie (siehe Seite 98 f) kam beim Fischotter erst relativ spät, nämlich 1984, erstmals zum Einsatz (Green et al. 1984). Der Sender wurde den Tieren mit einer Art Rucksack am Körper befestigt. Doch das Gerät irritierte sie stark und hielt bloß wenige Tage bis Wochen (Kruuk 2006). Den Sender an einem Halsband zu montieren, wie man das bei manchen Tierarten tut, ist beim Fischotter jedoch nicht möglich: Er würde das Halsband umgehend abstreifen, da sein Kopf schmaler ist als sein Nacken. Auch sind die Riemen, mit denen der Sender wie ein Rucksack am Körper angebracht wird, nicht ungefährlich: Auf der Stöberjagd können sie sich im Wurzelgeflecht verfangen. Im schlimmsten Fall ertrinkt dann das Tier. Aus diesen Gründen wird der Sender heute meist in die Bauchhöhle implantiert. Die Batterien halten bis zu 30 Monate. Die heute gebräuchlichen Geräte wiegen rund 40 Gramm und sind etwa 9,5 × 2,5 Zentimeter groß (Ó Néill et al. 2008; Quaglietta et al. 2012; Weinberger et al. 2016). Die Sender scheinen die Tiere nicht zu stören, auch haben sie keinen erkennbaren Einfluss auf die Reproduktion. Tatsächlich haben mehrere besenderte Weibchen in verschiedenen Projekten Junge geboren. Aufgrund der Seltenheit der Tiere und des operativen Eingriffs sind die Hürden für die Bewilligung einer Telemetriestudie bei Fischottern aber sehr hoch. Seit 2010 gab es daher in Europa bloß zwei derartige Forschungsprojekte. Das erste wurde in Portugal durchgeführt (Quaglietta et al. 2013), beim zweiten handelt es sich um das Projekt *Lutra alpina* in der österreichischen Steiermark. Das Untersuchungsgebiet umfasste die Täler der Mur und Mürz samt ihrer Zuflüsse – insgesamt 1670 Kilometer Fließgewässer. Neun Fischotter – sechs Weibchen und drei Männchen – wurden hier besendert und danach über einen Zeitraum von etwas mehr als 8 Monaten bis knapp drei Jahren regelmäßig gepeilt. Dabei wurde jedes Individuum mehrere Nächte pro Monat verfolgt. Die Feldarbeiten erfolgten in den Jahren 2010 bis 2013 (Weinberger et al. 2016).

Die Telemetrie ist teuer und aufwendig. Der Fang und das Handling der Fischotter sind für das Tier stressig und gefährlich. Der Erkenntnisgewinn mithilfe dieser Methode ist jedoch immens; nur mit dieser Methode lassen sich kleinräumige Bewegungs- und Aktivitätsmuster erfassen, Fragen nach den Jagdgebieten und den Tagesschlafplätzen im Detail erforschen. Auch das heutige Wissen um die nächtlichen Aktivitäten, die sozialen Interaktionen und die Sensibilität der Tiere gegenüber Menschen stammt mehrheitlich aus Telemetriestudien (Beja 1996a; Durbin 1998; Quaglietta et al. 2014; Weinberger 2016).

5 Fotofallenbild aus dem Projekt *Lutra alpina:* Ein Fischotter markiert, der andere kontrolliert eine alte Losung.

6 Markierungen sind auch für andere Tiere spannend: Ein Steinmarder *(Martes foina)* interessiert sich für die Neuigkeiten aus der Otterwelt.

Heimliche Aufnahmen

Seit einigen Jahren werden auch Kamerafallen in der Otterforschung eingesetzt. Sie sind ein Gewinn, denn vor gut platzierten Kameras zeigen Fischotter nicht allein ihre Anwesenheit, sondern auch ihr überraschend vielfältiges Sozialleben (Findlay et al. 2017).

5

6

Mensch, Fisch & Otter

Der Fischotter ist ein Beutekonkurrent der Angler und gilt als Schädling in Fischteichen. Die Art und Weise, wie wir mit diesem Konflikt umgehen, ist bedeutsam für die Zukunft des Fischotters in unserer Gewässerlandschaft.

1

Menschen mögen Fische. Durchschnittlich essen die Europäerin und der Europäer 23 Kilogramm Fisch pro Jahr. Derzeit liegt der jährliche Konsum weltweit bei 167 Millionen Tonnen Fischen und Meeresfrüchten. Die Tendenz ist steigend. Insgesamt werden jedes Jahr zwischen 1 und 2,7 Trillionen Individuen Fische getötet – eine Zahl mit 18 Nullen (FAO 2016). Über 90 Millionen Tonnen davon stammen aus Wildfängen. Diese Menge ist schon lange nicht mehr nachhaltig: Weltweit sind 31 Prozent der Fischbestände überfischt (FAO 2016). Um die Wildbestände zu schützen, wird deshalb stark in Aquakulturen investiert.

Vorhergehende Doppelseite: Sie können nicht anders: Fischotter fressen Fische, die auch der Mensch gerne verzehrt.

1 Die Ozeane werden massiv überfischt. Aquakulturen sollen die Wildbestände trotz wachsendem Fischkonsum entlasten. Die Zunahme der Zuchtanlagen verschärft den Konflikt mit fischfressenden Wildtieren.

Mit Fischzucht gegen die Überfischung

Seit 1970 wächst der Wirtschaftszweig Aquakultur um jährlich 4 Prozent (WOR 2015). Es ist damit der Nahrungssektor mit der höchsten globalen Wachstumsrate (www.fao.org). Auch in Europa wird seit einigen Jahrzehnten die Fischzucht gezielt gefördert. Der Anteil der EU an der globalen Fischproduktion liegt zurzeit bei 1,9 Prozent. Erst ein knappes Viertel der hier verzehrten Fische stammt aus europäischen Zuchten (www.ec.europa.eu/fisheries). 2012 produzierten diese 1,1 Millionen Tonnen Fisch. Der Marktwert betrug 3,4 Milliarden Euro (STECF 2014).

In der EU sind über 14 000 Unternehmen mit insgesamt 85 000 Personen in der Fischzucht tätig. Sie produzieren hauptsächlich Forellen, Lachse, Karpfen und Aale. Zu 90 Prozent sind es Kleinstunternehmen mit weniger als 10 Angestellten. Die Erträge der einzelnen KMUs belaufen sich dabei auf wenige Tonnen pro Jahr (www.ec.europa.eu/fisheries). So züchten 5500 Teichwirte in Bayern auf einer Fläche von etwa 20 000 Hektar jährlich 6000 Tonnen Karpfen (www.lfl.bayern.de). Nicht von der Fischereistatistik erfasst sind alle privaten Teichbesitzer, die Speisefische für den Eigenbedarf halten – und den einen oder anderen Fisch über die Straße verkaufen.

Ärger im Naturparadies

Der Karpfen ist ein attraktiver Wirtschaftsfisch. Seine Haltung ist relativ unkompliziert. Der Vegetarier lebt bei Wassertemperaturen von 20 bis 28 °C auf, Schlamm- und Sandgrund mag er gerne und außerdem erträgt er einen niedrigeren Sauerstoffgehalt im Wasser als die Forelle. Die Karpfenzucht ist durchaus tiergerecht. Sie erfolgt in großen, naturnahen Teichen mit viel Raum für die Fische. Die Karpfenzucht hat auch in Europa eine lange Tradition: Schon vor über 500 Jahren wurde sie beispielsweise in Niederösterreich praktiziert. Karpfenteiche sind künstlich angelegte Gewässer. Sie sind 0,7 bis 2 Meter tief und haben eine Fläche von 0,5 bis 50 Hektar. Eine natürliche Ufervegetation säumt die Teiche, und manchmal sind die einzelnen Teiche innerhalb einer Region miteinander verbunden.

Viele Tier- und Pflanzenarten finden hier ein Zuhause. Karpfenteichlandschaften sind denn auch Hotspots der Biodiversität. Und auch dem Fischotter bieten sie alles, was sein Herz begehrt: Nahrung, Versteckmöglichkeiten und gute Vernetzungsstrukturen. In diesen Landschaften sind die Otterterritorien klein, die Bestandsdichte ist entsprechend hoch (Dulfer et al. 1996).

2

Es überrascht wohl niemanden, dass sich Fischotter in diesen großzügigen und naturnahen Teichanlagen bedienen und damit wirtschaftlichen Schaden anrichten. Zu den erbeuteten Fischen kommen indirekte Verluste: Die Fische erleiden Stress, wenn im Teich ein Fischotter aufkreuzt. Vor allem im Winter können diese Ausfälle hoch sein, denn jetzt befinden sich die Karpfen in der Winterruhe. Wiederholt sich der Besuch oft, werden die Tiere anfälliger für Infektionen und Parasiten oder verlieren an Gewicht (Adámek et al. 2003).

2 Verräterische Spuren: Fischotter nutzen diesen Karpfenteich rege als Jagdgewässer.

3 Bedienen sich Fischotter in einer ungeschützten Forellenzucht, sind die Schäden oft groß.

Attraktive Forellenzucht

Anderswo in Europa züchtet man lieber Forellen. In Deutschland ist die Forellenproduktion der wichtigste Sektor in der Binnenfischzucht. Zwischen 15 000 und 20 000 Tonnen gelangen jährlich in den Handel (siehe www.lfl.bayern.de). Die Forelle ist ein anspruchsvoller Fisch. Sie braucht klares, sauerstoffreiches und kühles Wasser. Meist wird sie in kleinen Teichen oder künstlichen Becken gehalten, die mit Frischwasser gespeist werden. Typische Standorte für die

3

4 Marine Lachszucht in Norwegen: Auch entlang der Meeresküste entstehen immer mehr Aquakulturen.

Forellenzucht liegen daher an Quellen oder Fließgewässern, von wo man frisches Wasser durch die Becken laufen lassen kann.

Diese Nähe zu einem Fließgewässer ist jedoch problematisch in Bezug auf den Wassermarder. Auf seinen nächtlichen Wanderungen entlang von Fluss- und Bachufern fallen dem hungrigen Fischotter nahe Teiche eher auf als Anlagen weitab vom nächsten Gewässer (Manikowska-Ślepowrońska et al. 2016). Aufmerksam, wie er ist, realisiert der Fischotter noch etwas anderes: Die Fischdichte in Forellenzuchten ist sehr hoch – die Ausbeute dementsprechend formidabel. Kein Wunder verpflegen sich Fischotter gerne in einem Forellenteich. In Forellenzuchten werden die Fische viel dichter gehalten als in Karpfenteichen. Umso größer sind die Fraßschäden, wenn sich ein Fischotter in ihnen bedient. Da es sich außerdem meist um kleine Teiche mit einer Fläche von weniger als einem halben Hektar handelt, kann ein einzelnes Tier sie im Verlauf von ein paar Monaten fast vollständig ausräumen (Kranz et al. 2004).

Marine Fischzuchten

Auch entlang den Küsten hat die Aquakultur zugelegt. In alten Salinen Portugals, die an Flussmündungen ins Meer grenzen, sind beispielsweise seit den frühen 1990er-Jahren etliche marine Fischfarmen entstanden, nicht zuletzt dank finanzieller Förderung durch die EU. Die Biodiversität ist in diesen Flussmündungen hoch, manche von ihnen wurden als Naturreservate ausgeschieden. Das bedeutet jedoch auch, dass Fischzuchten in diesen Gebieten strikten Regulationen ausgesetzt sind. Sie gegen den öffentlichen Raum mit einem Zaun abzusperren, ist daher verboten. Wo aber Fische in großer Zahl barrierefrei für Fischfresser zugänglich sind, besteht ein erhöhtes Risiko, dass letztere dies auch ausnutzen.

Es kommt vor, dass die Fischzuchten von mehreren Fischottern unabhängig voneinander aufgesucht werden. In einem Projekt schaute man näher hin. Dabei zeigte sich, dass die Besuchsrate nicht mit dem ökonomischen Verlust korreliert ist. Auch machten die frei zugänglichen Zuchtfische nur ein Drittel der Beutetiere der ansässigen Fischotter aus. Diese schienen die Infrastruktur der Fischfarmen vor allem als Markierungsplätze zu nutzen. Eindrücklich zeigt sich dies bei der Fischfarm mit den zweitmeisten Fischotterbesuchen: Sie war diejenige mit den geringsten Schäden (Sales-Luís et al. 2009).

4

Wählerisch

Auch wo Fischteiche leicht zugänglich sind, ernähren sich die Fischotter nicht exklusiv von Zuchtfischen. Sogar in Regionen mit vielen Forellenteichen machen die Tiere gerne auch Jagd auf wilde Arten. In ihren Losungen findet man Überreste von Amphibien, Reptilien, Vögeln und andere Fischarten (Marques & Rosalino 2007). Wo die natürlichen Gewässer genug Nahrung hergeben, scheinen sich die Fischotter wenig um Fischzuchten zu kümmern. Im Projekt *Lutra alpina* in der Steiermark (siehe Seite 209) bevorzugten sie Fließgewässer als Jagdgebiete und suchten überraschend selten die doch zahlreichen ungeschützten Fischteiche in ihren Territorien auf. Je schlechter jedoch der Lebensraum ist, desto eher bedienen sich Fischotter in den Teichen (Sales-Luís et al. 2009). Dies zeigt, wie wichtig eine intakte Umwelt ist.

Auch in den Teichlandschaften fressen Fischotter nicht ausschließlich Karpfen und Forellen. In den extensiven Haltungen der Karpfenzuchten werden

Nebenfische gehalten, die wirtschaftlich weniger stark genutzt werden, wie zum Beispiel die Schleie *(Tinca tinca)*, der Hecht *(Esox lucius)*, der Zander *(Sander lucioperca)* und der Wels *(Silurius gianis)*. Zwar erbeutet der Fischotter als Opportunist die häufigste Art in den Teichen – den Karpfen – doch scheint er die Nebenfische zu bevorzugen (Kloskowski 2005). Außerdem schwankt das Beutespektrum saisonal: Vor allem im Winter können Karpfen bis zu 50 Prozent ausmachen, während im Sommer der Anteil auf 18 Prozent sinkt (siehe Adámek et al., 2003).

Das Überangebot lässt den einen oder anderen Fischotter wählerisch werden. Verzehrt wird dann vielfach bloß das «Filet» – für manche Fischotter sind das erstaunlicherweise die Eingeweide (Kruuk 2006), das Hirn und die Gonaden (Manikowska-Ślepowrońska et al. 2016). Die Gefahr besteht vor allem an kleinen Teichen mit hoher Fischdichte (Kortan et al. 2007).

5

5 Wo Überfluss herrscht, wird der Fischotter wählerisch. Diesen Zuchtkarpfen verzehrte er nur teilweise.

Der Otter war's

Fehlen bei der Abfischung des Teichs mehr Fische als erwartet und hat der betroffene Teichwirt zuvor mehrmals Otterbesuch festgestellt, liegt der Schluss nahe: Der Fischotter war's. Indessen kann der Verlust auch andere Ursachen haben: Krankheiten, Infektionen, Einbruch der Wasserqualität, betriebliche Fehler, aber auch andere fischfressende Tiere oder Diebstahl.

Die Schäden, die Beutegreifer in Teichen verursachen, können jedoch substantiell sein. In Tschechien wurden sie 2006 auf 6,7 Millionen Euro geschätzt (Kortan et al. 2007). Viele Fischzüchter stehen ohnehin schon ökonomisch unter Druck. Zudem ist bei den extensiven Aquakulturen, wie es die Karpfenteiche oft sind, die Rentabilität gering. Aufgrund der steigenden Kosten hat sich der Nettoertrag für viele Produzenten in den letzten Jahren verschlechtert (Winkel 2005). Sinken die Preise für einheimisch produzierte Fische weiter, wird es eng für den einen oder anderen Bewirtschafter. Holen sich nun Fischotter, Kormorane, Graureiher und Mink dann auch noch ihren täglichen Fisch aus dem Teich, werden die finanziellen Einbußen bald einmal existenzbedrohend (Dulfer et al. 1996).

Zwischen Bestandserholung und Abschuss

Ein künstlich hohes Nahrungsangebot wirkt sich förderlich auf den regionalen Fischotterbestand aus. So kann die Besiedlungsdichte von Fischottern in Landschaften mit zahlreichen naturnahen Fischteichen bis zu viermal höher sein als in Bach- und Flusslandschaften der Mittelgebirge oder der Alpen (Kranz 2011). Mit zunehmender Fischotterdichte läuft das Fass bei den Produzenten dann leicht über. In den Teichregionen beschwerten sich die Fischzüchter bereits in den frühen 1990er-Jahren über die gefräßigen Tiere (Dulfer et al. 1996; Kranz 2000a). Ähnlich ertönt es überall dort, wo sich der Fischotter wieder ausbreitet. Prompt wird die Forderung nach Abschüssen oder Entnahmen aus den lokalen Beständen laut. Und manchmal wird das Problem gleich selbst in die Hand genommen: Fischotter werden immer wieder illegal getötet oder angeschossen (Macdonald & Mason 1994; Dulfer et al. 1996; Kloskowski 2005).

6 Elektrozaun zum Schutz eines Fischteichs. Der Unterhalt ist aufwendig.
7 Schneefall hat diesen Elektrozaun unwirksam gemacht: Der Fischotter grub sich unten durch.

Für die Rückkehr des Fischotters in alle geeigneten Gewässer Europas sind ein Bestandsanstieg und ein dadurch entstehender Abwanderungsdruck jedoch elementar. Denn erst da, wo die Kapazität des Lebensraums ausgeschöpft ist und die Territorien durchwegs besetzt sind, muss der Nachwuchs neue Gebiete erschließen.

Doch schon bevor es soweit ist, wird die Art nun also zum Politikum: Zu groß ist der Schaden in den Augen der Fischzüchter, zu hoch die Fischotterdichte. Die Meinungen in der Gesellschaft gehen dabei diametral auseinander: Auf der einen Seite ist die Wiederausbreitung und Etablierung des Fischotters allgemein erwünscht, auf der anderen Seite trägt nur eine Minderheit die sozioökonomische Belastung, die mit der Ausbreitung der geschützten Tierart einhergeht. Der Konflikt ist dabei vorprogrammiert und läuft Gefahr zu eskalieren.

Zusammenleben

Deshalb geht diese Frage alle an: Was ist uns der Fischotter national, aber auch europaweit wert? Soll in der Nähe produzierter Fisch auf den Tisch kommen und der Fischotter auch weiterhin zur einheimischen Fauna gehören, so braucht es von der Gesellschaft getragene Maßnahmen, die dieses Nebeneinander ermöglichen. Meist werden sie über den Staat finanziert.

In einigen Ländern, in denen sich Fischotter in Fischzuchten herumtreiben, hat der Staat schon reagiert. Managementpläne und Aktionspläne wurden in den letzten Jahren erarbeitet, Otterbeauftragte eingestellt, Zahlungen in Aussicht gestellt. Doch so vielfältig die politische Landschaft ist, so unterschiedlich gehen die Behörden mit dem Fischotter und seinen ökonomischen Auswirkungen auf die Fischerei um: Hier werden Präventionsmaßnahmen gefördert, da erlittene Schäden vergütet und dort kann man eine pauschale Ausgleichszahlung für Anlagen, die in einem Fischotterhabitat liegen, bereits im Voraus beantragen. In einigen Regionen kommen gleich mehrere Maßnahmen zum Zug, anderswo lässt man die Betroffenen ohne jede Unterstützung am Teich stehen. Dabei könnten griffige Präventionsmaßnahmen in Kombination mit Kompensationen die Situation spürbar entschärfen.

6

7

Abschrecken, aussperren, ablenken

Fischotter mögen keine Hunde. Man versucht daher, sie mit Hunden von den Teichen fernzuhalten. Alternativ probiert man es auch mit Gänsen, Lärm und Licht. Doch das scheint auf die Dauer nicht zu funktionieren. Früher oder später erscheinen die Fischotter wieder am Teich: Die einfache Beute ist zu verlockend.

Mehr Erfolg versprechen Maßnahmen, die ihnen den Zugang zum Teich verwehren. Mit Zäunen um den Teich sowie Abdeckungen von Hälterungsbecken wurden bisher gute Erfahrungen gemacht. Als kurzfristige Maßnahme sind Elektrozäune wirksam. Allerdings sind sie wartungsintensiv; sie müssen 5–10-mal pro Saison ausgemäht werden. Auch haben sie eine unerfreuliche Nebenwirkung: Wo der Strom bodennah geführt wird, kann er für Amphibien und Igel tödlich sein. Effektiver sind Fixzäune, die jedoch auch teurer und deren Installation aufwendiger ist. Denn Fischotter klettern, graben

8 Fixzäune ohne Strom müssen in den Boden abgesenkt werden.
9 Bei diesem Zaun gab es kein Durchkommen für den Fischotter.

und zwängen sich durch kleine Spalten hindurch – wenn es sie nach dem Angebot auf der anderen Seite gelüstet. Um sie von den Zuchtfischen fernzuhalten, darf die Maschenweite des Drahtnetzes maximal 6 mal 6 Zentimeter betragen. Fixzäune ohne Strom führende Litzen müssen mindestens 1,80 Meter hoch sein und in den Boden hinein reichen.

Korrekt installiert, bieten Zäune aber einen guten Schutz, wie ein mehrjähriger Versuch der Ökologischen Station Waldviertel (Bundesamt für Wasserwirtschaft) zeigte: Vor Errichtung der elektrischen Otterschutzzäune betrugen die Fischverluste in der Teichkette mit Überwinterung der Speisekarpfen im Mittel rund 71 Prozent. Setzte man elektrische Zäune ein, sanken sie in den Folgejahren auf 5,8 Prozent (Gratzl 2015).

Doch nicht immer sind Zäune praktikabel. Was bei kleinen, überschaubaren Becken funktioniert, ist bei großen, naturnahen Teichen schwierig bis unmöglich. Ja, vielfach ist eine Absperrung dort auch gar nicht erwünscht, denn diese bilden wertvolle Lebensräume, die vielen Arten eigentlich zugänglich bleiben sollten (Manikowska-Ślepowrońska et al. 2016). In solchen Fällen können besonders sensible Bereiche mit höherer Fischbiomasse wie die Hälterungen oder Winterungen saisonal eingezäunt werden.

Eine andere Maßnahme ist ein Alternativangebot einfach zu erreichender Nahrung. Ablenkteiche, die permanent mit kommerziell nicht genutzten Fischen besatzt sind, können Fischotter davon abhalten, sich in den Zuchtteichen zu bedienen. Doch eben: Wo Nahrung im Überfluss vorhanden ist, wächst auch der Otterbestand.

Die Kosten einer intakten Umwelt

Die Installation eines fixen Zaunes ist teuer, Elektrozäune benötigen zeitintensive Pflege. Finanzielle Unterstützung wird daher sehr gerne in Anspruch genommen (Kranz 2017). Die staatliche Förderung von präventiven Maßnahmen an kleinen und stark gefährdeten Teichen ist ein Schritt in die richtige Richtung für ein Nebeneinander von Mensch, Wirtschaft und Tier.

Wo Zäune nicht möglich sind, werden regional auch Entschädigungszahlungen geleistet. Doch allein schon die genaue Schätzung der erfolgten Schäden ist schwierig. Denn erst beim Abfischen wird das Ausmaß der Ausfälle sichtbar – und ob diese tatsächlich dem Fischotter angelastet werden können, ist Gegenstand hitziger Debatten.

8

9

10 Otter und Angler am gleichen Gewässer: In einer intakten Umwelt reicht es für beide.

Auch im Fischteich gilt die Unschuldsvermutung: Der betroffene Betreiber muss beweisen, dass der Fischotter die Ursache für den Produktionsausfall ist. Der Aufwand dafür ist jedoch immens, und die Auflagen sind nicht immer zu erfüllen: Rigorose Langzeitprotokolle über die Fische, allfällige Krankheiten und Wasserqualität werden von den Fischteichbesitzern gefordert. Es ist eine bürokratische und aufwendige Prozedur, die viele Personen beschäftigt – und am Ende wird nur ein Teil der Schäden abgedeckt (Bauer et al. 2007; Schwerdtner & Gruber 2007). Denn vergütet werden nur die direkten Schäden, das heißt die Anzahl gefressener Fische. Nicht eingerechnet werden die Ertragseinbußen durch Verletzungen, die den Wert der Fische mindern sowie die erhöhte stressbedingte Sterblichkeit der Fische durch die wiederholten Besuche des Fischotters im Teich. Nicht einfacher wird die Situation dadurch, dass die Verlustmeldungen der betroffenen Personen oft mit den Berechnungen der Inspektoren oder Fachpersonen zu den effektiven Schäden auseinanderklaffen (Schwerdtner & Gruber 2007). Um den tatsächlichen Einfluss des Fischotters in den unterschiedlichen Fischereibereichen zu bestimmen, braucht es daher dringend vertiefte Untersuchungen: Nahrungsanalysen der Fischotter im betroffenen Gebiet, ein Monitoring der Teiche und der ansässigen Fischotter mit modernen Methoden sowie genaue Angaben zum Fischbesatz und Ertrag (Klenke et al. 2013).

Otterbonus

Aufgrund der schwierigen Einschätzung der verursachten Schäden durch Fischotter wird mancherorts mit einem sogenannten Otterbonus gearbeitet. Sinnvoll ist dieser Ansatz vor allem in Gebieten mit großen Teichen, die sich nur schwer schützen lassen und aus Naturschutzgründen auch nicht abgesperrt werden sollten. Solche Landschaften gehörten in den 1980er-Jahren zu den letzten Refugien des Fischotters in Europa. Und nach wie vor gelten diese naturnahen Teiche als ein wichtiger Lebensraum für die geschützte Tierart (Kloskowski 2005).

Beim Otterbonus wird ein Betrag im Voraus bestimmt – er deckt die Schäden an den Fischen ab, honoriert aber auch die Toleranz gegenüber dem Fischotter. Dadurch wird eine Win-Win-Situation generiert, denn damit werden sowohl das ökonomische Überleben des Fischzüchters als auch die Erhaltung des Fischotters gesichert.

10

Legaler Abschuss

Als letzte und drastischste Maßnahme werden Fischotter legal umgesiedelt oder abgeschossen. Zwar genießt die Art heute nahezu überall in Europa strengen Schutz, und auch internationale Konventionen wie das Washingtoner Artenschutzabkommen oder die Berner Konvention zum Erhalt der Lebensräume und Arten in Europa verzeichnen den Fischotter als geschützte Art. Doch die Gesetzgebung vieler europäischer Länder lässt ebenso wie die Berner Konvention eine Hintertüre offen: Wo die betreffende Art in hoher Dichte vorkommt und einzelne Problemtiere untragbare ökonomische Schäden anrichten, sind Abfänge oder Abschüsse möglich. Doch bringt diese Maßnahme in der Regel wenig bis nichts: Optimale Territorien werden schnell wieder besetzt. Erst wenn auch der letzte Fischotter geschossen ist, wird am Teich Ruhe einkehren.

Österreich

In der Teichlandschaft im nördlichen Waldviertel Niederösterreichs überlebte der Fischotter auch in der für ihn schlimmsten Zeit. In über 1800 künstlichen Teichen von 15 bis 60 Hektar Größe produziert das nördliche Waldviertel im Bundesland Niederösterreich Fische, vor allem Karpfen. Bereits in den 1980er-Jahren begannen die dortigen Teichbesitzer über zunehmende Schäden durch Fischotter zu klagen (Bodner 1995). Dessen Bestände nahmen damals lokal zu – nicht zuletzt dank der Teichwirtschaft, da in dieser Zeit viele kleine Teiche neu geschaffen wurden. Dadurch erhöhte sich das Nahrungsangebot für den Fischotter; es konnten mehr Tiere auf derselben Fläche überleben.

Doch die Fischteichbesitzer waren mit den Schäden nicht gänzlich auf sich gestellt: Ab 1984 vergüteten vier große Organisationen (die Niederösterreichischen Naturschutzabteilung, der Niederösterreichische Landesjagdverband, der Naturschutzbundbund Österreich und der WWF Österreich) gemeinsam oder alleine die Schadensfälle (Schlott & Gratzl 2003). 1991 wurde das «Fischotterkonto» geschaffen, an dem sich die vier Organisationen beteiligten. Daraus wurden die Schäden vergütet. Zwischen 1988 und 1992 erhöhte sich die Zahl der Schadensmeldungen rasant: Bis 1988 waren es weniger als 5 pro Jahr gewesen, ab 1992 flatterten beim Fischotterkonto jährlich bis zu 60 Entschädigungsgesuche ins Haus. Die ausbezahlte Vergütung betrug nun jährlich zwischen 500 000 und 700 000 Schilling, was in etwa 36 000 bis 51 000 Euro entspricht (Bodner 1995). 1994 wurde das Fischotterkonto aufgelöst – jetzt übernahm der Niederösterreichische Landschaftsfonds alleine die Schadenszahlungen (Schlott & Gratzl 2003).

Trotzdem wurde schon in den frühen 1990er-Jahren der Ruf nach Abschüssen laut (Dulfer et al. 1996). Die Situation spitzte sich weiter zu und eskalierte in den letzten Jahren. Im Frühjahr 2017 wurde der Regierung Niederösterreichs die Forderung nach einer Entnahme von 84 Tieren unterbreitet. Zahlreiche Umweltschutzverbände und die IUCN Otter Specialist Group setzten sich daraufhin für die niederösterreichischen Fischotter ein. Nach einheitlicher Beurteilung ist die einmalige Entnahme von Fischottern nicht nachhaltig. Dennoch wurde der Abschuss oder die Entnahme von 40 Tieren aus bestimmten Gewässerstrecken Niederösterreichs bewilligt. Gleichzeitig wurde der Fonds zur Förderung von Präventionsmaßnahmen von jährlich 100 000 auf 300 000 Euro aufgestockt. Auch will man die Praxis des Fischbesatzes in den Fließgewässern ändern: Weg von fangfertigen Fischen für den Freizeitangler, hin zur Aussetzung von Brütlingen.

Die Entwicklung in Niederösterreich zeigt exemplarisch, wie eng verflochten Artenschutz und Wirtschaft in unserer Kulturlandschaft sind. Die Rolle, die die Gesellschaft spielt, ist dabei ausschlaggebend: Wollen wir einheimische Aquakultur? Welche Auflagen sind uns wichtig und was sind wir bereit, dafür zu bezahlen? Diese und ähnliche Fragen werden in den nächsten Jahren in vielen Ländern auftauchen; dies nicht zuletzt auch deshalb, weil die EU ihre bisherigen Aquakultur-Förderungen intensiviert.

Die Entscheidung des Einzelnen

Der ökonomische Konflikt zwischen Fischerei und Fischotter kann jedoch auch anders gelöst werden. Lebensmittelpreise sind so tief wie noch nie – mit weitreichenden Folgen für die Produzenten und die Umwelt: Die Produktion wird intensiviert, Wachstumshormone und Pestizide werden verstärkt eingesetzt, und das Tier wird zur Sache. Zu dieser Entwicklung trägt der einzelne Konsument bei. Denn die Nachfrage entscheidet mit, ob nachhaltig und tiergerecht produziert wird. So hat jede und jeder von uns beim Einkauf die Möglichkeit, sich für eine intakte Umwelt einzusetzen. Noch fehlt ein Label von otterfreundlich produziertem Fisch. Mit einem solchen Markenzeichen ließen sich naturnahe Gewässersysteme mit einer Vielzahl an Pflanzen- und Tierarten wirksam fördern.

Frisst der Fischotter die Bäche leer?

In vielen Flüssen und Bächen sind die Fischbestände heute niedriger denn je. Hat der Fischotter in solchen Gewässern überhaupt noch Platz? Und wird seine Rückkehr die bereits ausgedünnten Fischbestände zusätzlich gefährden? Wie sich Fischotter auf den Fischbestand in den Flüssen und Bächen auswirken, ist noch kaum untersucht. Erst seit Kurzem beschäftigt sich die Forschung mit dieser Frage. Antworten darauf sind für die Fischerei ebenso wie für den Artenschutz von großer Bedeutung.

In Schottland wurde der Einfluss des Fischotters auf eine Lachs- und Forellenpopulation erforscht. In den untersuchten Gewässern ernährten sich Fischotter fast ausschließlich von diesen Fischarten. Kotanalysen ergaben, dass die Tiere jährlich gut 8 bis 11 Gramm Lachs oder Forelle pro Quadratmeter Wasserfläche verzehrten. Wie viel aber gaben die Bäche denn her? Mithilfe der Elektrofischerei wurde der jährliche Zuwachs auf 16 Gramm Fischbiomasse/m^2 geschätzt. Der Fischotter entnahm 54 bis 68 Prozent der jährlichen Produktion – und gefährdete damit den Bestand nicht (Kruuk et al. 1993).

Der Förster im Bach

Auch wenn der Fischotter viel frisst und einen hohen Anteil des jährlichen Zuwachses der Fischbiomasse verzehrt, bedeutet dies noch lange nicht, dass er den Fischbestand zu dezimieren – ja gar auszurotten – vermag. Möglicherweise schöpft er einfach den Überschuss der Fischpopulationen ab: Die Kapazität eines Gewässers als Lebensraum für Fische ist begrenzt – und damit auch die Zahl der Individuen, die darin ein Auskommen finden. Jede Population produziert viel mehr Nachwuchs, als nötig ist, um den maximal möglichen Bestand zu halten. Entsprechend hoch muss die natürliche Sterblichkeit sein. Mit anderen Worten: Viele Fische sterben ohnehin; wenn nicht durch den Fischotter, dann aus anderen Gründen. In einem intakten Gewässer wird die Sterblichkeit infolge Lebensraumkonkurrenz reduziert, wenn Beutegreifer einen Teil der Fische fressen. Es ist die sogenannte kompensatorische Mortalität: Bleiben trotz des Fischotters insgesamt so viele Fische am

Leben, wie im Gewässer Platz haben, hat seine Anwesenheit keinen Einfluss auf den langfristigen Bestand.

11 Wie wirkt sich der Appetit des Fischotters auf die Fischbestände aus? Diese Frage ist noch kaum untersucht.

Dem Fischotter sind zwar Fische aller Größen genehm, doch scheint er in Fließgewässern die Kleinen mit einer Länge bis zu 15 cm zu bevorzugen (Jenkins & Harper 1980; Libois & Rosoux 1991; Brzezinski et al. 1993). Das sind vor allem junge Fische. Damit agiert er als Förster im Bach: Er lichtet die Fischbestände aus. Den überlebenden Fischen stehen danach mehr Nahrung und sichere Unterstände zur Verfügung – ideale Voraussetzungen, um zu gesunden und großen Exemplaren heranzuwachsen (Kranz et al. 2004).

Zuwachs und Abgang in Fischpopulationen wurden über Jahrtausende durch die Evolution fein austariert. Die Beutegreifer sind dabei einberechnet. In natürlichen und gesunden Gewässern stellen einheimische Prädatoren daher keine Gefährdung dar.

Frische Fische in die gähnende Leere

Viele Fischereiverbände, Privatpersonen sowie Umweltschutzverbände und der Staat setzen sich seit Jahrzehnten für naturnahe Gewässer ein. Doch Gewässeraufwertungen brauchen Zeit. Um gefährdete Fischbestände zu fördern oder einen Bestand nach einem Fischsterben wieder aufzubauen, werden vielerorts jährlich Abertausende von Fischen in die Gewässer freigelassen.

Fließgewässer werden jedoch auch in großem Maß besatzt, um den Fischereiertrag für die Freizeitangler zu erhöhen. Alleine in Deutschland frönen 3,8 Millionen Personen intensiv diesem Hobby (www.dafv.de); in Österreich sind es über 410 000 (Dr. Kohl Research Consult 2000) und in der Schweiz 100 000 Personen (www.uzh.ch). Wer ein Angelpatent löst oder ein Fischgewässer pachtet, möchte dafür auch etwas erhalten. Daher investieren Fischverbände und private Fischereiberechtigte jährlich große Summen in den Besatz ihrer Gewässer. Damit wird ein vernünftiger Fangerfolg in den nächsten Jahren angestrebt. Ausgesetzt werden hauptsächlich Brütlinge und Sömmerlinge, meist Forellen. Aber auch bereits ausgewachsene Tiere werden ins Gewässer entlassen. Dies geschieht vor allem, um zeitnah einen fetten Fisch an der Angel zappeln zu sehen.

Oft bleiben aber weitaus weniger besatzte Fische im Gewässer als erwünscht. Nicht einmal 5 Prozent der ausgewilderten Brütlinge erreicht die Geschlechtsreife (Brown & Day 2002). Wo größere Fische besatzt werden,

12

verschwinden zwei Drittel der Individuen innerhalb von wenigen Tagen aus dem Abschnitt, in dem sie ausgesetzt wurden (Cresswell, 1981). Die in Becken aufgezogenen Forellen sind den wilden Artgenossen in Kondition und Aggressivität unterlegen (Weiss & Schmutz 1999b; Weber & Fausch 2003). Da sie zudem während ihrer Aufzucht keinen Feinden ausgesetzt sind, zeigen sie mindestens zu Beginn ein schlechtes Fluchtverhalten. Damit sind sie einfache Beute für ihre Jäger (Aarestrup et al. 2005).

Futter für den Otter

12 Wenn Angler mit leeren Händen heimkehren, ist meist nicht der Fischotter schuld.

Auch der Fischotter lässt sich die naiven Neuankömmlinge schmecken – jedoch nicht immer. In einer Studie in Dänemark untersuchte man das Beutespektrum von Fischottern in zwei unterschiedlichen Gewässern, die mit Forellen besatzt worden sind. Im Forellengewässer wechselten die Fischotter für kurze Zeit ihr Beutespektrum: Sie entwickelten eine Leidenschaft für die ausgesetzten Forellen. Anders jedoch verhielten sich ihre Artgenossen in einem Fließgewässer, das vor allem von Barschen und Karpfen bewohnt war. Hier veränderte sich das Beutespektrum der Jäger praktisch nicht. Die Fischotter blieben bei ihren Barschen (Jacobsen 2005).

Mehr Fische bedeutet auch mehr Futter für die Beutegreifer. Man könnte deshalb erwarten, dass durch den Besatz die Dichte von Fischräubern am betreffenden Gewässer künstlich erhöht wird (Stewart et al. 2005). Ist das auch beim Fischotter tatsächlich so? Marcia Sitterthaler untersuchte die Fischottervorkommen an zwei österreichischen Bächen. Beide hatten intakte Fischpopulationen mit Naturverlaichung. Eines dieser Fließgewässer wurde zusätzlich intensiv besatzt, das andere nicht. Überrascht stellte man fest, dass die Fischotterdichte in beiden Gewässern gleich hoch war. Einziger Unterschied: Im Untersuchungsjahr hatten die Fischotter nur im besatzten Gewässer Nachwuchs. Das könnte ein Zufall sein, denn ein Otterweibchen hat natürlicherweise nicht jedes Jahr Junge – aber ein Zusammenhang mit dem Besatz ist nicht ausgeschlossen. Im besatzten Bach fehlten die freigelassenen Fische bei der anschließenden Abfischung fast gänzlich (Sittenthaler et al. 2015). Dies dem Fischotter anzulasten, ist jedoch zu einfach. Denn auch in Gewässern, in denen er fehlt, ist der Besatzerfolg desolat. Es braucht deshalb weiterführende Studien, um die Zusammenhänge zwischen Besatz, Fischern und Fischotter zu verstehen und gute Lösungen zu finden.

Zielkonflikte an Gewässern

Nicht nur der Fischotter ist geschützt. Auch bei vielen Fischarten sind die Bestände eingebrochen (siehe auch Seite 183 f); so z. B. bei Nase, Äsche, Aal und Lachs. Wiederansiedlungen und Artenschutzprojekte von Fischarten, die auf dem Speisezettel des Fischotters stehen, könnten daher gefährdet sein.

13

13 Fischotter mit erbeuteter Bachforelle.

14 Trotz Anwesenheit des Fischotters wurde der Atlantische Lachs *(Salmo salar)* in einem tschechischen Fluss erfolgreich wieder angesiedelt.

Diese Befürchtung hatte man auch bei einem Wiederansiedlungsprojekt des Atlantischen Lachs im Fluss Kamenice in Tschechien. Sie hat sich jedoch nicht bewahrheitet: Ab 1998 wurden jährlich über 100 000 Junglachse ausgesetzt, sodass seit 2002 wieder wandernde erwachsene Tiere im Gewässer gesichtet werden. Im Gebiet kommen aber auch Fischotter vor. Untersuchungen ergaben, dass diese zwar Lachse erbeuten, sich aber nach wie vor bevorzugt von Groppen, Äschen und Barschen ernähren. Die Autoren der Studie schlossen daraus, dass der Fischotter einen gewissen Einfluss auf die Sterblichkeit der Lachse hat, das Wiederansiedlungsprojekt deswegen aber nicht gefährdet ist (Kortan et al. 2010).

15

Die Zukunft gehört dem Wasser

Kaum aufgetaucht, ist das Tier schon wieder weg. War das nicht eben ein Fischotter?! Fischotter zu beobachten ist an den Fließgewässern Mitteleuropas – gelinde gesagt – nicht ganz einfach. Nachaktiv und sowieso meist nahe dem Ufer entlang schwimmend, sind die Tiere überaus schwer zu entdecken. Im Projekt *Lutra alpina* kamen auf über 13000 Peilungen knapp 100 Sichtbeobachtungen. Und dies, obwohl die Forscherinnen stets genau wussten, wo sich die Tiere gerade befanden.

Die vielerorts unerwartete und bisher erfolgreiche Rückkehr des Fischotters in den mitteleuropäischen Raum ist erfreulich. Während die Bestände vieler Arten weltweit schrumpfen, beweist er seine Anpassungsfähigkeit. Auf eigenen Pfoten erobert er verloren geglaubtes Terrain zurück. Doch jubeln ist verfrüht: Der Rückgang der Fischbestände, die veränderten Gewässerläufe, die Pestizideinträge in die Gewässer und die zunehmende Vermüllung der Bäche und Flüsse verheißen keine rosige Zukunft. Der Fischotter ist trotz aller Flexibilität auf eine gesunde Umwelt angewiesen.

Seit Jahrzehnten setzen sich Organisationen, Vereine und Privatpersonen für intakte Gewässer ein. Hier wird ein kanalisierter Bach auf wenigen Metern vielfältig strukturiert, dort läuft ein internationales Revitalisierungsprojekt und da befassen sich Forscher mit der Durchgängigkeit für Fische bei Kraftwerken. Der Ruf nach pestizidfreien Gewässern und die Reduktion von Einwegplastik sind richtige Schritte. Doch auch jeder und jede Einzelne von uns sind gefragt. Ohne Änderungen unseres Lebensstils kann die Gewässerlandschaft nicht gesunden.

Denn Wasser bedeutet Leben – nicht nur für den Fischotter. An natürlichen Gewässern schwirrt und summt es. Libellen patrouillieren, aus dem Schilf ertönt das Gezeter des Teichrohrsängers, und ein kleiner orange-blauer Blitz – der Eisvogel – saust vorbei. Da schnappt eine Forelle ein Insekt an der Wasseroberfläche, dort raschelt eine Ringelnatter durch das Kraut.

Gerne tauchen wir Menschen in diese Welt ein, genießen das glitzernde Wasser und das üppige Grün. Es ist das Reich des Fischotters. Auch wenn wir ihn nur selten kurz erblicken: er gehört hierhin und trägt zu der großartigen und vielfältigen Natur bei. Es liegt an uns, dafür zu sorgen, dass auch Menschen kommender Generationen an einem Ufer sitzen können, plötzlich eine Bewegung im Wasser entdecken und erfreut rufen: Das war er doch, der Fischotter!

15 Wir brauchen lebendige Gewässer. Der Fischotter gehört dazu.

Nachfolgende Doppelseite: Aufgeweckt und neugierig: Eine Fischotterfamilie mit fast ausgewachsenen Jungtieren.

Anhang

Vereinfachter Bestimmungsschlüss

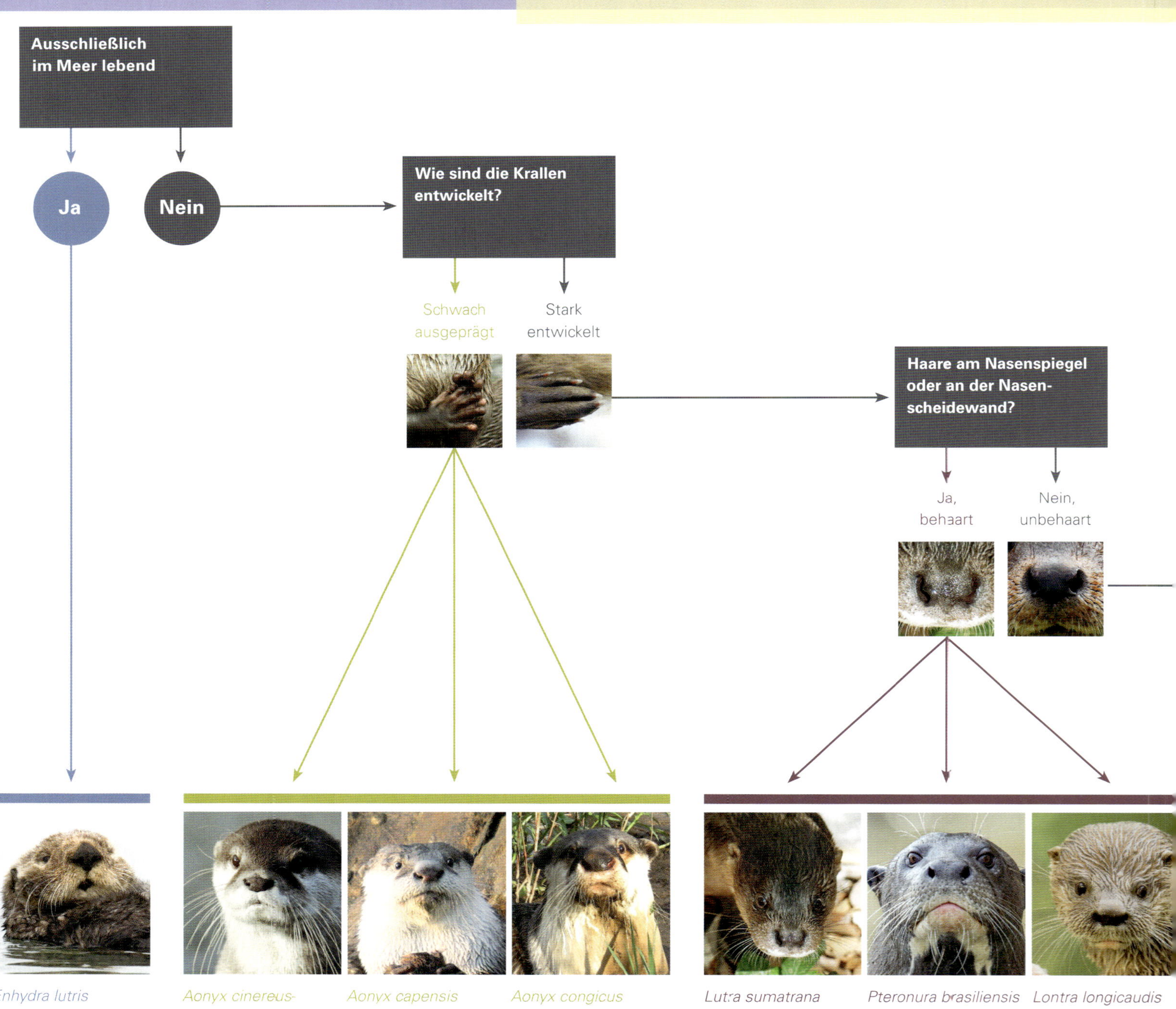

Enhydra lutris
Seeotter

Aonyx cinereus
Zwergotter

Aonyx capensis
Kapotter

Aonyx congicus
Kongo-Fingerotter

Lutra sumatrana
Haarnasenotter

Pteronura brasiliensis
Riesenotter

Lontra longicaudis
Südamerikanischer Flussotter

den 13 Otterarten

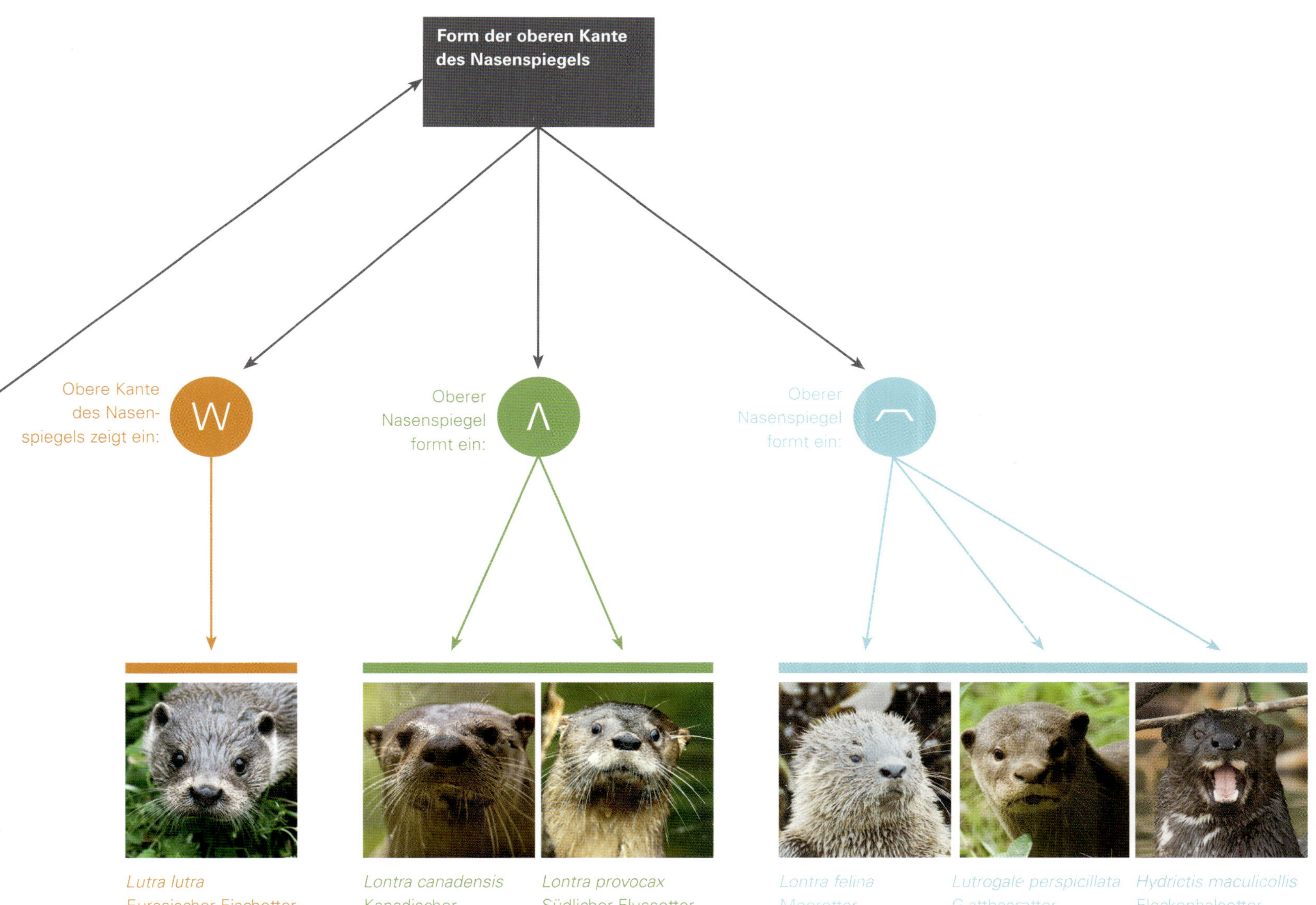

Dank

Die Autorin und der Autor möchten sich bei allen bedanken, die uns bei der Entstehung dieses Buches großzügig und hilfsbereit unterstützt haben. Großer Dank geht an die Stiftung Pro Lutra, die sich seit Jahren für den Fischotter in der Schweiz einsetzt und die Initiative für das vorliegende Fischotterbuch ergriffen hat.

Wir danken Samer Angelone für den Dreh des Werbefilms für das Crowdfunding sowie Gabriela Bader von der Buchhandlung zum Zytglogge in Bern und Martin Lind vom Haupt Verlag in Bern für ihre spontane und fröhliche Mitwirkung im Film.

Wir danken folgenden Personen, die das Buch mit ihren Beiträgen aufgewertet haben: Annegret Grimm-Seyfarth, Helmholtz-Zentrum für Umweltforschung in Deutschland/Wildlife Detection Dogs Deutschland, für ihren Beitrag zu den Artenspürhunden; Hans-Heinrich Krüger, Otterzentrum Hankensbüttel in Deutschland, für seinen Beitrag zur Reusenproblematik, und Armin Peter, Peter Fish Consulting, für die Informationen zu den Fischen. Wir danken Günther Gratzl vom Bundesamt für Wasserwirtschaft Österreich für das kritische Lektorat des Kapitels «Mensch, Fisch & Otter».

Wir bedanken uns bei der IUCN Otter Specialist Group, insbesondere bei Nicole Duplaix, Margherita Bandini und Lesley Wright, für Hinweise, Fotos und Auskünfte bei den (zahlreichen) Anfragen seitens der Autorenschaft.

Bilder sagen oft mehr als Worte. Wir bedanken uns bei allen Personen und Organisationen, die uns grosszügig ihre spannenden und informativen Fotos oder Zeichnungen zur Verfügung gestellt haben. Mit ihren Abbildungen haben sie massgeblich zum Gelingen dieses Buchs beigetragen: Alpenzoo Innsbruck, Amt für Jagd und Fischerei Graubünden, Glen & Rita Chapman, Sanjiv de Silva, Jelko Djuren, Nicole Duplaix, Morten Elmeros, Günther Gratzl, Sokrith Heng, Ueli Iff, Hugh Jansman, Denis Karp, Hans-Heinrich Krüger, Rachel Kuhn, Lucas Leuzinger, Vic Simpson, Susana Freire, Jan Smith, Annette Stephani, SWILD, TRAFFIC, Cathie Withers und Chris Wittmann.

Für die gute Zusammenarbeit und die große Geduld bedanken wir uns bei Martin Lind vom Haupt Verlag in Bern.

Nicht zuletzt dankt die Autorin den heimlichen Hauptdarstellern in diesem Buch: Alena, Baukje, Cleo, Dan, Emma, Fee, Gessa, Hans, Ivo und Johanna. Diese Fischotter haben nachhaltig zu einem besseren Verständnis der Art im Alpenraum beigetragen. Ohne sie gäbe es dieses Buch nicht.

Das Buch wurde zu einem Teil über ein von der Stiftung Pro Lutra initiierten Crowdfunding finanziert. Für das Vertrauen und die finanzielle Unterstützung danken wir ganz herzlich:

Marco, Zsuzsanna, Csilla und Ivan Aklin, Neuheim; Aroser Bärenland Freunde; Nadja Arpagaus, Zürich; Martin Bader, Gümligen; Andrina und Gian-Andrea Baschera, Zürich; Claudia Baumberger; Nathalie Baumann, Reinach; Hans-Peter Beutler, Selzach; Katrin Bieri Willisch, Trubschachen; Peter Bieri, Oberdiessbach; Michel Blant, Faune concept, Neuchâtel; Claudia Blumenstein, Spiez; Lukas Boller, Zürich; Fabio Bontadina, Zürich; Jürg Brechbühl, Steffisburg; Selina Brechbühl, Rorbas; Nadja Brodmann, Bubendorf; Bruce Bruttel, Basel; CLG AG, Zürich Flughafen; Lisa De Coppi, Winterthur; Cécile Eicher, treffpunkt natur, Bern; Damian Engler, Buchs; Daniel Erni, Balzers FL; F+W Communications, Bern; Fischotterverein Männedorf; Nadja Först, Genf; Anja Frei, Lenzburg; Martin Friedli, Bern; Hanspeter Gadient, Arosa; Cordula Galeffi, Zürich; Madeleine Geiger, Cambridge; Sandra Gloor, Zürich; Regula Granwehr, St. Gallen; Markus Graf, Laupen BE; Jérôme Gremaud, Riaz; Livia Haag, Dübendorf; Simon Handschin, Zürich; Christian Hedinger, Burgdorf; Hans Hofer, Nürdensdorf; Brigitte Holzer, Bern; Manuela Hotz, Zürich; Susi und Bernhard Huber-Hirni, Pfäffikon ZH; Gwenaël Jacob, Fribourg; Marcel S. Jacquat, La Chaux-de-Fonds; Lukas Keller, Zürich; Claudia Kistler, Zürich; Corina und Fabian Krummenacher, Nussbaumen; Thomas Kuske, Zürich; Martin Läderach, Laupen BE; Michael Lanz, Biel/Bienne; Miguel Leemann, Urdorf; Richard Lehner, Netzwerk Lehner GmbH, Rorschach; Jonas Landolt, Zürich; Franziska Lörcher, Zürich; Moritz Lüthi, Winterthur Kathi Märki, Ennetbühl; Marta Manser, Riedikon; Oli Meier, Bern; Mara und Alexis Müller, Zürich; Sonja Portenier, Neuchâtel; Pro Natura Berner Mittelland; Manfred Lützow und Brigitte Pütz, Neuenhof; Kate und Luzi Rageth, Bäch; Livio Rey, Bern; Miriam Rohner-Ganther, Illnau; Alex Rübel, Zürich; Jan Ryser, Langnau i.E.; Michael Schaad, Bern; Hans Schmid, Urdorf; Monica Sanesi, Zürich; Daniela Schmieder, Zollikofen; Hans Schmocker, Chur; Matthias Schönholzer, Wolhusen; Christian Siegwart, Oberwil b. Zug; Maja Spoerli, Schwerzenbach; Simona Specker, Zürich; Lisa Spühler, Zürich; Manfred Steffen, Lotzwil, Verein Lebendiges Rottal und Verein Karpfen pur Natur; Annette Stephani, Obbürgen; Ursula Stephani-Ris, Bellach; Cornelia Stettler, Basel; SWILD, Zürich; Anouk Taucher, Zürich; Tegonal GmbH, Bern; Debora Unternährer, Bern; Monique Wälchli, Meikirch; Christian, Christina, Nino, Lia und Malin Weinberger, Zug; Anna und Peter Weinberger, Zug; Markus Weissert, St. Gallen; Lukas Widmer, Basel; Peter Wiprächtiger, naturus GmbH, Schötz; Brigitte Wolf, Bitsch und Daniela Zingg, Naturmuseum Winterhur.

Folgende Organisationen ermöglichten durch ihre finanzielle Unterstützung das Buch:

ERNST GÖHNER STIFTUNG

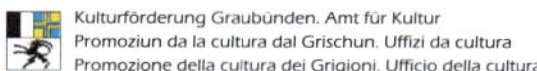

Interessante Links

Organisationen, die sich im deutschsprachigen Raum für den Fischotter einsetzen

Weltweit
Otter Specialist Group der IUCN
www.otterspecialistgroup.org

International Otter Survival Fund
www.otter.org

Deutschland
Aktion Fischotterschutz
www.otterzentrum.de

Deutsche Otter Stiftung
www.otter-stiftung.de

BUND (Friends of the Earth Germany)
www.bund.net

NABU Naturschutzbund Deutschland
www.nabu.de

OtterFranken
www.otterfranken.de

Umwelthilfe Deutschland
www.duh.de

WWF Deutschland
www.wwf.de

Österreich
Naturschutzbund Österreich
www.naturschutzbund.at

WWF Österreich
www.wwf.at

Schweiz
Stiftung Pro Lutra
www.prolutra.ch

Pro Natura Schweiz
www.pronatura.ch

WWF Schweiz
www.wwf.ch

Zürcher Tierschutz
www.zuerchertierschutz.ch

Literatur

Aarestrup, K., Jepsen, N., Koed, A. & Pedersen, S. (2005). Movement and mortality of stocked brown trout in a stream. *Journal of Fish Biology*, **66**, 721–728.

Adámek, Z., Kortan, D., Lepič, P. & Andreji, J. (2003). Impacts of otter (*Lutra lutra* L.) predation on fishponds: A study of fish remains at ponds in the Czech Republic. *Aquaculture International*, **11**, 389–396.

Ansorge, H., Schipke, R. & Zinke, O. (1997). Population structure of the otter, *Lutra lutra*. Parameters and model for a Central European region. *Mammalian Biology*, **62**, 143–151.

Arrendal, J., Walker, C.W., Sundqvist, A.K., Hellborg, L. & Vila, C. (2004). Genetic evaluation of an otter translocation program. *Conservation Genetics*, **5**, 79–88.

Aulerich, R.J. & Ringer, R.K. (1977). Current status of PCB toxicity to mink, and effect on their reproduction. *Archives of Environmental Contamination and Toxicology*, **6**, 279–92.

Axel, C. (2012). Tick infestation (*Ixodes*) on the Eurasian Otter (*Lutra lutra*) – a long-term study. *Soil Organisms*, **84**, 481–487.

Ayres, C. & García, P. (2011). Features of the predation of the Eurasian otter upon toads in north-western Spain. *Mammalian Biology*, **76**, 90–92.

Bailey, M. & Rochford, J. (2005). *Otter survey of Ireland 2004/2005*. Irish Wildlife Manuals, 23, National Parks and Wildlife Service, Department of Environment, Heritage and Local Government, Dublin, Irland.

Balestrieri, A., Remonti, L. & Prigioni, C. (2016). Towards extinction and back: Decline and recovery of otter populations in Italy. In Angelici, F.M. (Hrsg.), *Problematic Wildlife: A Cross-Disciplinary Approach*, 91–105. Springer International Publishing Switzerland.

Barbosa, A.M., Real, R., Marquez, A.L. & Rendón, M.A. (2001). Spatial, environmental and human influences on the distribution of otter (*Lutra lutra*) in the Spanish provinces. *Diversity and Distributions*, **7**, 137–144.

Barrientos, R., Merino-Aguirre, R., Fletcher, D.H. & Almeida, D. (2014). Eurasian otters modify their trophic niche after the introduction of non-native prey in Mediterranean fresh waters. *Biological Invasions*, **16**, 1573–1579.

Bauer, C., Schlott, G. & Gratzl, G. (2007). Kompensation von Fischotterschäden in Niederösterreich. *Fischer & Teichwirt*, **4**, 128–129.

Baumann, P. & Klaus, I. (2003) *Gewässerökologische Auswirkungen des Schwallbetriebes. Ergebnisse einer Literaturstudie*. Mitteilungen zur Fischerei, Nr. 75. Bundesamt für Umwelt, BAFU, Bern, Schweiz.

Beckett, K.J., Yamini, B. & Bursian, S.J. (2008) The effects of 3,3', 4,4', 5-pentachlorobiphenyl (PCB 126) on mink (*Mustela vison*) reproduction and kit survivability and growth. *Archives of Environmental Contamination and Toxicology*, **54**, 123–129.

Bedford, S.J. (2009). The effects of riparian habitat quality and biological water quality on the European Otter (*Lutra lutra*) in Devon. *Bioscience Horizons*, **2**, 125–133.

Beja, P.R. (1996a) Seasonal breeding and food resources of otters, *Lutra lutra* (Carnivora, Mustelidae), in south-west Portugal a comparison between coastal and inland habitats. *Mammalia*, **60**, 27–34.

Beja, P.R. (1996b). Temporal and spatial patterns of rest-site use by four female otters *Lutra lutra* along the south-west coast of Portugal. *Journal of Zoology*, **239**, 741–753.

Beja, P.R. (1996c). An analysis of otter *Lutra lutra* predation on introduced American crayfish *Procambarus clarkii* in Iberian streams. *Journal of Applied Ecology*, **33**, 1156–1170.

Björklund, M. & Arrendal, J. (2008). Demo-genetic analysis of a recovering population of otters in Central Sweden. *Animal Conservation*, **11**, 529–534.

Blanco-Garrido, F., Prenda, J. & Narvaez, M. (2007). Eurasian otter (*Lutra lutra*) diet and prey selection in Mediterranean streams invaded by centrarchid fishes. *Biological Invasions*, **10**, 641–648.

Bodkin, J.L., Esslinger, G.G. & Monson, D.H. (2004). Foraging depths of sea otters and implications to coastal marine communities. *Marine Mammal Science*, **20**, 305–321.

Bodner, M. (1995). Fish loss in Austrian fish-ponds as a result of otter (*Lutra lutra* L.) predation. *IUCN Otter Specialist Group Bulletin*, **12**, 3–10.

Bonesi, L., Hale, M. & Macdonald, D.W. (2013). Lessons from the use of non-invasive genetic sampling as a way to estimate Eurasian otter population size and sex ratio. *Acta Theriologica*, **58**, 157–168.

Brennan, P.A. & Kendrick, K.M. (2006). Mammalian social odours: attraction and individual recognition. *Philosophical Transactions of the Royal Society B: Biological Sciences*, **361**, 2061–2078.

Britton, J.R., Berry, M., Sewell, S., Lees, C. & Reading, P. (2017). Importance of small fishes and invasive crayfish in otter *Lutra lutra* diet in an English chalk stream. *Knowledge & Management of Aquatic Ecosystems*, **13**.

Brown, C. & Day, R.L. (2002). The future of stock enhancements: Lessons for hatchery practice from conservation biology. *Fish and Fisheries*, **3**, 79–94.

Brzeziński, M., Jeldrzejewski, W. & Jedrzejewska, B. (1993). Diet of otters (*Lutra lutra*) inhabiting small rivers in the Bialowieza National Park, eastern Poland. *Journal of Zoology*, **230**, 495–501.

Brzeziński, M. & Romanowski, J. (2006). Experiments on sprainting activity of otters (*Lutra lutra*) in the Bieszczady Mountains, southeastern Poland. *Mammalia*, **70**, 58–63.

Brzeziński, M., Romanowski, J., Kopczynski, L. & Kurowicka E. (2006). Habitat and seasonal variations in diet of otters, *Lutra lutra* in eastern Poland. *Folia Zoologica*, **55**, 337–348.

Bunn, S.E. & Arthington, A.H. (2002). Basic principles and ecological consequences of altered flow regimes for aquatic biodiversity. *Environmental Management*, **30**, 492–507.

Burt, W. (1943). Territoriality and home range concepts as applied to mammals. *Journal of Mammalogy*, **24**, 346–352.

Carone, M.T., Guisan, A., Cianfrani, C., Simoniello, T., Loy, A. & Carranza, M.L. (2014). A multi-temporal approach to model endangered species distribution in Europe. The case of the Eurasian otter in Italy. *Ecological Modelling*, **274**, 21–28.

Carranza, M.L., D'Alessandro, E., Saura, S. & Loy, A. (2012). Connectivity providers for semi-aquatic vertebrates: The case of the endangered otter in Italy. *Landscape Ecology*, **27**, 281–290.

Carson, R.L. (1962). *Silent Spring*. Houghton Mifflin Company, Boston.

Carss, D.N. (1995). Foraging behaviour and feeding ecology of the otter *Lutra lutra*: A selective review. *Hystrix*, **7**, 179–194.

Carss, D.N., Elston, D.A. & Morley, H.S. (1998). The effects of otter (*Lutra lutra*) activity on spraint production and composition: Implications for models which estimate prey-size distribution. *Journal of Zoology*, **244**, 295–302.

Carss, D.N., Kruuk, H. & Conroy, J.W.H. (1990). Predation on adult Atlantic salmon, *Salmo salar* L., by otters, *Lutra lutra* (L.), within the River Dee system, Aberdeenshire, Scotland. *Journal of Fish Biology*, **37**, 935–944.

Červinka, J., Riegert, J., Grill, S. & Šálek, M. (2015). Large-scale evaluation of carnivore road mortality: The effect of landscape and local scale characteristics. *Mammal Research*, **60**, 233–243.

Chalupa, A. (2006). *Spatial use and hunting behaviour of Eurasian otters (Lutra Lutra) at selected sites within the Třeboňsko Protected Landscape Area and Biosphere Reserve*. Master thesis. Universität Brno, Tschechien.

Chanin, P. (2003). *Ecology of the European Otter*. Conserving Natura 2000 Rivers Ecology Series No. 10. English Nature, Peterborough, UK.

Chanin, P. (2013) *Otters*, 2. Edition. Whittet Books, Stansted.

Chanin, P.R.F. & Jefferies, D.J. (1978). The decline of the otter *Lutra lutra* L. in Britain: An analysis of hunting records and discussion of causes. *Biological Journal of the Linnean Society*, **10**, 305-328

Cherin, M., Iurino, D.A., Willemsen, G. & Carnevale, G. (2016). A new otter from the Early Pleistocene of Pantalla (Italy), with remarks on the evolutionary history of Mediterranean Quaternary Lutrinae (Carnivora, Mustelidae). *Quaternary Science Reviews*, **135**, 92–102.

Cherin, M. & Rook, L. (2014). First report of *Lutra simplicidens* (Carnivora, Mustelidae, Lutrinae) in the Early Pleistocene of the Upper Valdarno (Italy) and the origin of European otters. *Italian Journal of Geoscience*, **133**, 200-203.

Cianfrani, C., Maiorano, L., Loy, A., Kranz, A., Lehmann, A., Maggini, R. & Guisan, A. (2013). There and back again? Combining habitat suitability modelling and connectivity analyses to assess a potential return of the otter to Switzerland. *Animal Conservation*, **16**, 584–594.

Ciuti, S., Northrup, J.M., Muhly, T.B., Simi, S., Musiani, M., Pitt, J.A. & Boyce, M.S. (2012). Effects of humans on behaviour of wildlife exceed those of natural predators in a landscape of fear. *PLoS ONE*, **7**.

Clavero, M., Prenda, J. & Delibes, M. (2003). Trophic diversity of the otter (*Lutra lutra* L.) in temperate and Mediterranean freshwater habitats. *Journal of Biogeography*, **30**, 761–769.

Clavero, M., Prenda, J. & Delibes, M. (2005). Amphibian and reptile consumption by otters (*Lutra lutra*) in a coastal area in southern Iberian Peninsula. *Herpetological Journal*, **15**, 125–131.

Conroy, J.W.H. & French, D.D. (1987). The use of spraints to monitor populations of otters (*Lutra lutra L.*). *Symposium of the Zoological Society of London*, **58**, 247–262.

Conroy, J.W.H., Watt J., Webb, J.B. & Jones, A. (2005). *A Guide to the identification of prey remains in otter spraint*, 3. Edition. The Mammal Society, London UK.

Crawford, A. (2010). *Fifth otter survey of England 2009-2010*. Environment Agency, Bristol.

Cushman, R.M. (1985). Review of ecological effects of rapidly varying flows downstream from hydroelectric facilities. *North American Journal of Fisheries Management*, **5**, 330–339.

Dallas, J.F., Marshall, F., Piertney, S.B., Bacon, P.J. & Racey, P.A. (2002). Spatially restricted gene flow and reduced microsatellite polymorphism in the Eurasian otter *Lutra lutra* in Britain. *Conservation Genetics*, **3**, 15–29.

Dallas, J.F., Coxon, K.E., Sykes, T., Chanin, P.F., Marshall, F., Carss, D.N., Bacon, P.J., Piertney, S.B. & Racey P.A. (2003). Similar estimates of population genetic composition and sex ratio derived from carcasses and faeces of Eurasian otter *Lutra lutra*. *Molecular Ecology*, **12**, 275–282.

Delibes, M., Cabezas, S., Jiménez, B. & González, M.J. (2009). Animal decisions and conservation: The recolonization of a severely polluted river by the Eurasian otter. *Animal Conservation*, **12**, 400–407.

Derraik, J.G.B. (2002). The pollution of the marine environment by plastic debris: a review. *Marine Pollution Bulletin*, **44**, 842–852.

Dolch, D., Teubner, J. & Teubner, J. (1998). Haupttodesursachen des Fischotters *Lutra lutra* im Land Brandenburg in der Zeit von 1990 bis 1994. *Naturschutz und Landschaftspflege in Brandenburg*, **1**, 101.

Doppler, T., Mangold, S., Wittmer, I., Spycher, S., Comte, R., Stamm, C., Singer, H., Junghans, M. & Kunz, M. (2017). Hohe PSM-Belastung in Schweizer Bächen. *Aqua & Gas*, **4**, 46–56.

Dr. Kohl Research Consult (2000). *Soziale und ökonomische Bedeutung der Angelfischerei in Österreich*. Bericht im Auftrag des ÖKF.

Dulfer, R., Plesnik, J., Kucerova, M. & Toman, A. (1996) Fish farming regions as key elements for natural recolonisation along an otter EECONET. *IUCN Otter Specialist Group Bulletin*, **13**, 84–91.

Durbin, L.S. (1996a). Some changes in the habitat use of a free-ranging female otter *Lutra lutra* during breeding. *Journal of Zoology*, **240**, 761–810.

Durbin, L.S. (1996b). Individual differences in spatial utilization of a river-system by otters *Lutra lutra*. *Acta Theriologica*, **41**, 137–147.

Durbin, L. S. (1998). Habitat selection by five otters *Lutra lutra* in rivers of northern Scotland. *Journal of Zoology*, **245**, 85–92.

Erlinge, S. (1967). Home range of the otter *Lutra lutra* L. in southern Sweden. *Oikos*, **18**, 186–209.

Erlinge, S. (1968a). Food studies on captive otters *Lutra lutra* L. *Oikos*, **19**, 259–270.

Erlinge, S. (1968b). Territoriality of the otter *Lutra lutra* L. *Oikos,* **19**, 81–98.

Estes, J. A. (1989). Adaptations for aquatic living by carnivores. In Gittleman, J. L. (Hrsg.), *Carnivore Behavior, Ecology, and Evolution*, 242–282. Springer, Dordrecht.

ETH und EPF (2006) *Kraftwerksbedingter Schwall und Sunk. Im Auftrag des Schweizerischen Wasserwirtschaftsverband*. Zürich & Lausanne.

FAO (2016). *The state of world fisheries and aquaculture 2016. Contributing to food and nutrition for all*. Rom, Italien.

Feeroz, M. M., Begum, S. & Hasan, K. (2011). Fishing with otters: A traditional conservation practice in Bangladesh. *IUCN Otter Specialist Group Bulletin*, **28**, 14–21.

Fenelon, J. C., Banerjee, A. & Murphy, B. D. (2014). Embryonic diapause: Development on hold. *International Journal of Developmental Biology*, **58**, 163–174.

Fernandez-Moran, J., Saavedra, D. & Manteca-Vilanova, X. (2002). Reintroduction of the Eurasian otter (*Lutra lutra*) in northeastern Spain: Trapping, handling, and medical management. *Journal of Zoo and Wildlife Medicine*, **33**, 222–227.

Festetics, A. (1980). Der Fischotter – Naturgeschichte und Tier-Mensch-Beziehung. In Reuther C. & Festetics A. (Hrsg.), *Der Fischotter in Europa: Verbreitung, Bedrohung, Erhaltung*. Seiten 9–65. Selbstverlag, Oderhaus & Göttingen, Deutschland.

Fette, M., Weber, C., Peter, A. & Wehrli, B. (2007). Hydropower production and river rehabilitation: A case study on an alpine river. *Environmental Modeling and Assessment*, **12**, 257–267.

Fiedler, F. (1996). Verbreitung und Lebensraum des Fischotters in Sachsen. In Sächsisches Landesamt für Umwelt und Geologie (Hrsg.), *Artenschutzprogramm Fischotter in Sachsen – Materialien zu Naturschutz und Landschaftspflege*, Seiten 7. Radebeul, Deutschland.

Findlay, M. A., Briers, R. A., Diamond, N. & White, P. J. C. (2017). Developing an empirical approach to optimal camera-trap deployment at mammal resting sites: evidence from a longitudinal study of an otter *Lutra lutra* holt. *European Journal of Wildlife Research*, **63**.

Fish, F. E. (1994). Association of propulsive swimming mode with behavior in river otters (*Lutra canadensis*). *Journal of Mammalogy*, **75**, 989–997.

Fish, F. E., Smelstoys, J., Baudinette, R. V & Reynolds, P. S. (2002). Fur does not fly, it floats: Buoyancy of pelage in semi-aquatic mammals. *Aquatic Mammals*, **28**, 103–112.

Foster-Turley, P., Macdonald, S. & Mason, C. (1990). *Otters : an action plan for their conservation*. IUCN, Gland, Switzerland.

Gnoli, C. & Prigioni C. (1995). Preliminary study on the acoustic communication of captive otters (*Lutra lutra*). *Hystrix*, **7**, 289–296.

Gomez, L., Leupen, B. T. C., Theng, M., Fernandez, K. & Savage, M. (2016). *Illegal Otter Trade – An analysis of seizures in selected Asian countries (1980-2015)*. TRAFFIC, Petaling Jaya, Selangor, Malaysia.

Gratzl, G. (2015). Erfahrungsbericht über Produktionsverlust bei der Aufzucht von Speisekarpfen aus 10 Jahren Bewirtschaftung der Projektteiche der Ökologischen Station Waldviertel. *Österreichs Fischerei*, **68**, 100–103.

Green, J., Green, R. & Jefferies, D. J. (1984). A radio-tracking survey of otters *Lutra lutra* on a Perthshire river system. *Lutra*, **27**, 85–145.

Griebel, U. & Peichl, L. (2003). Colour vision in aquatic mammals — facts and open questions. *Aquatic Mammals*, **29**, 18–30.

Griesau, A. & Sommer, R. (2005). Der Einfluss von polychlorierten Biphenylen und Organochlorpestiziden auf den Fischotter *Lutra lutra* (L. 1758) in Mecklenburg-Vorpommern. *Beiträge zur Jagd- und Wildforschung*, **30**, 273–287.

Grohé, C., de Bonis, L., Chaimanee, Y., Blondel C. & Jaeger, J.-J. (2013). The oldest Asian Sivaonyx (Lutrinae, Mustelidae): A contribution to the evolutionary history of bunodont otters. *Palaeontologia Electronica*, **16**, 13.

Gudger, E. W. (1927). Fishing with the Otter. *The American Naturalist*, **61**, 193–225.

Gutleb, A. C. (1992). The otter in Austria: A review on the current state of research. *IUCN Otter Specialist Group Bulletin,* **7**, 4–9.

Gutleb, A. C. (2000). The role of pollutants in the decline of the otter. In Conroy J. W. H., Yoxon P. & Gutleb A. C. (Hrsg.), *Proceedings of the First Otter Toxicology Conference*, 29–40. Journal of the International Otter Survival Fund 1.

Hafs, A. W., Harrison, L. R., Utz, R. M. & Dunne, T. (2014). Quantifying the role of woody debris in providing bioenergetically favorable habitat for juvenile salmon. *Ecological Modelling*, **285**, 30–38.

Hájková, P., Pertoldi, C., Zemanová, B., Roche, K., Hájek, B., Bryja, J. & Zima, J. (2007). Genetic structure and evidence for recent population decline in Eurasian otter populations in the Czech and Slovak Republics: Implications for conservation. *Journal of Zoology*, **272**, 1–9.

Hájková, P., Zemanova, B., Bryja, J., Hájek, B., Roche, K., Tkadlec, E. & Zima, J. (2006). Factors affecting success of PCR amplification of microsatellite loci from otter faeces. *Molecular Ecology Notes*, **6**, 559–562.

Hájková, P., Zemanová, B., Roche, K. & Hájek, B. (2009). An evaluation of field and noninvasive genetic methods for estimating Eurasian otter population size. *Conservation Genetics*, **10**, 1667–1681.

Hammel, H. T. (1955). Thermal properties of fur. *American Journal of Physiology*, **182**, 369–376.

Harrington, L. A., Harrington, A. L., Hughes, J., Stirling, D. & Macdonald, D. W. (2010). The accuracy of scat identification in distribution surveys: American mink, *Neovison vison*, in the northern highlands of Scotland. *European Journal of Wildlife Research*, **56**, 377–384.

Harris, C. J. (1968). *Otters – A study of recent Lutrinae*. Wiedenfeld and Nicolson, London.

Hauer, S., Ansorge, H. & Zinke, O. (2002a). Reproductive performance of otters *Lutra lutra* (Linnaeus, 1758) in Eastern Germany: low reproduction in a long-term strategy. *Biological Journal of the Linnean Society*, **77**, 329–340.

Hauer, S., Ansorge, H. & Zinke, O. (2002b). Mortality patterns of otters (*Lutra lutra*) from eastern Germany. *Journal of Zoology*, **256**, 361–368.

Hediger, H. (1940). Tierpark Dählhölzli Bern. *Der Zoologische Garten*, **124**, 291–299.

Heggberget, T. M. (1993). Marine-feeding otters (*Lutra lutra*) in Norway: Seasonal variation in prey and reproductive timing. *Journal of the Marine Biological Association of the United Kingdom*, **73**, 297–312.

Heggberget, T. M. & Christensen, H. (1994). Reproductive timing in Eurasian otters on the coast of Norway. *Ecography*, **17**, 339–348.

Heggberget, T. M., & Moseid, K. E. (1994). Prey selection in coastal Eurasian otters *Lutra lutra*. *Ecography*, **17**, 331–338.

Honnen, A., Petersen, B., Kassler, L., Elmeros, M., Roos, A., Sommer, R. S. & Zachos, F. E. (2011). Genetic structure of Eurasian otter (*Lutra lutra*, Carnivora: Mustelidae) populations from the western Baltic sea region and its implications for the recolonization of north-western Germany. *Journal of Zoological Systematics and Evolutionary Research*, **49**, 169–175.

IOSF (2014). *The Shocking Facts of the Illegal Trade in Otters. A report by the International Otter Survival Fund*. International Otter Survival Fund, Isle of Skye, Scotland.

Jacobsen, L. (2005). Otter (*Lutra lutra*) predation on stocked brown trout (*Salmo trutta*) in two Danish lowland rivers. *Ecology of Freshwater Fish*, **14**, 59–68.

Jacoby, D. & Gollock, M. (2014). *Anguilla Anguilla*. The IUCN Red List of Threatened Species 2014.

Jahrl, J. (2002). Distribution of the Eurasian otter (*Lutra lutra*) in Austria 1990-1998. In IUCN Otter Specialist Group (Hrsg.), *Proceedings of the VIIth International Otter Colloquium,* 153–156, Trebon, Czech Republic.

Jakob, A. (2010). Temperaturen in Schweizer Fliessgewässern. Langzeitbeobachtung. *Gas, Wasser, Abwasser*, **3**, 221–231.

Jancke, S. & Giere, P. (2011). Patterns of otter *Lutra lutra* road mortality in a landscape abundant in lakes. *European Journal of Wildlife Research*, **57**, 373–381.

Jankowska, B., Żmijewski, T., Kwiatkowska, A. & Korzeniowski, W. (2005). The composition and properties of beaver (*Castor fiber*) meat. *European Journal of Wildlife Research*, **51**, 283–286.

Janssens, X., Defourny, P., de Kermabon, J. & Baret, P. V. (2006). The recovery of the otter in the Cevennes (France): A GIS-based model. *Hystrix*, **17**, 5–14.

Janssens, X., Fontaine, M.C., Michaux, J.R., Libois, R., de Kermabon, J., Defourny, P. & Baret, P. V. (2008). Genetic pattern of the recent recovery of European otters in southern France. *Ecography*, **31**, 176–186.

Jefferies, D. J. (1986). The value of otter *Lutra lutra* surveying using spraints: an analysis of its successes and problems in Britain. *Otter Trust*, **1**, 25–32.

Jefferies, D. J. (1989). The changing otter population of Britain 1700–1989. *Biological Journal of the Linnean Society*, **38**, 61–69.

Jefferies, D. J. & Hanson, H.M. (2000). The role of dieldrin in the decline of the otter (*Lutra lutra*) in Britain: The analytical data. In Conroy J. W. H., Yoxon P. & Gutleb A. C. (Hrsg.), *Proceedings of the First Otter Toxicology Conference,* 95–143. Journal of the International Otter Survival Fund 1.

Jenkins, D. (1980). Ecology of otters in northern Scotland: I. Otter (*Lutra lutra*) breeding and dispersion in Mid-Deeside, Aberdeenshire in 1974–79. *Journal of Animal Ecology*, **49**, 713–735.

Jenkins, D. & Harper, R. J. (1980). Ecology of otters in Northern Scotland. II. Analyses of otter (*Lutra lutra*) and mink (*Mustela vision*) faeces from Deeside, N. E. Scotland in 1977-78. *Journal of Animal Ecology*, **99**. 737–754.

Johnson, D. D. P., Macdonald, D. W. & Dickman, A. J. (2000). An analysis and review of models of the sociobiology of the Mustelidae. *Mammal Review*, **30**, 171–196.

Juhász, K., Lukács, B. A., Perpék, M., Nagy, S. A. & Végvári, Z. (2013). Effects of extensive fishpond management and human disturbance factors on Eurasian otter (*Lutra lutra* L. 1758) populations in Eastern Europe. *North-Western Journal of Zoology*, **9**, 227–238.

Jurajda, P., Prasek, V. & Roche, K. (1996). The autumnal diet of otter (*Lutra lutra*) inhabiting four streams in the Czech Republic. *Folia Zoologica*, **45**, 9–16.

Kalz, B., Jewgenow, K. & Fickel, J. (2006). Structure of an otter (*Lutra lutra*) population in Germany – results of DNA and hormone analyses from faecal samples. *Mammalian Biology*, **71**, 321–335.

Kannan, K., Perrotta, E. & Thomas, N. J. (2006). Association between perfluorinated compounds and pathological conditions in southern Sea Otters. *Environmental Science & Technology*, **40**, 4943–4948.

Karp D., Mausbach J. & Weinberger I. (2018). Effizienteres und zuverlässigeres Auffinden von Fischotternachweisen durch Spürhunde? Stiftung Pro Lutra & Artenspürhunde Schweiz.

Kean, E. F., Bruford, M. W., Russo, I.-R. M., Müller, C. T. & Chadwick, E. A. (2017). Odour dialects among wild mammals. *Scientific Reports*, **7**, 13593.

Kean, E. F., Chadwick, E. A. & Müller, C. T. (2015). Scent signals individual identity and country of origin in otters. *Mammalian Biology*, **80**, 99–105.

Kean, E. F., Müller, C. T. & Chadwick, E. A. (2011). Otter scent signals age, sex, and reproductive status. *Chemical Senses*, **36**, 555–564.

Kemenes, I. & Demeter, A. (1995). A predictive model of the effect of environmental factors on the occurrence of otters (*Lutra lutra* L.) in Hungary. *Hystrix*, **7**, 209–218.

Kerby, J. L., Wehrmann A. & Sih, A. (2012). Impacts of the insecticide Diazinon on the behavior of predatory fish and amphibian prey. *Journal of Herpetology*, **46**, 171–176.

Kienast, F., Degenhardt, B., Weilenmann, B., Wäger, Y. & Buchecker, M. (2012). GIS-assisted mapping of landscape suitability for nearby recreation. *Landscape and Urban Planning*, **105**, 385–399.

Kirchhofer, A., Breitenstein, M. & Zaugg, B. (2007). *Rote Liste der Fische und Rundmäuler der Schweiz*. Umwelt-Vollzug Nr. 0734, Bundesamt für Umwelt, Bern, und Schweizer Zentrum für die Kartographie der Fauna, Neuenburg, Schweiz.

Klenke, R. (2002). Habitat suitability and apparent density of the Eurasian otter (*Lutra lutra*) in Saxony (Germany). In IUCN Otter Specialist Group (Hrsg.), *Proceedings of the VIIth International Otter Colloquium,* 167-171, Trebon, Czech Republic.

Klenke, R.A., Ring, I., Kranz, A., Jepsen, N., Rauschmeyer, F. & Henle, K. (2013). *Human-wildlife conflicts in Europe – Fisheries and fish-eating vertebrates as a model case*, Springer-Verlag Berlin Heidelberg, Deutschland.

Kloskowski, J. (2005) Otter *Lutra lutra* damage at farmed fisheries in southeastern Poland, I: An interview survey. *Wildlife Biology*, **11**, 201–206.

Kloskowski, J., Rechulicz, J. & Jarzynowa, B. (2013). Resource availability and use by Eurasian otters *Lutra lutra* in a heavily modified river-canal system. *Wildlife Biology*, **19**, 439–451.

Knights, B. (2003). A review of the possible impacts of long-term oceanic and climate changes and fishing mortality on recruitment of anguillid eels of the Northern Hemisphere. *Science of the Total Environment*, **310**, 237–244.

Koed, A. & Dieperink, C. (1999). Otter guards in river fyke-net fisheries: Effects on catches of eels and salmonids. *Fisheries Management and Ecology*, **6**, 63–69.

Koelewijn, H.P., Pérez-Haro, M., Jansman, H.A.H., Boerwinkel, M.C., Bovenschen, J., Lammertsma, D.R., Niewold, F.J.J. & Kuiters, A.T. (2010). The reintroduction of the Eurasian otter (*Lutra lutra*) into the Netherlands: Hidden life revealed by noninvasive genetic monitoring. *Conservation Genetics*, **11**, 601–614.

Koepfli, K.-P., Deere, K.A., Slater, G.J., Begg, C., Begg, K., Grassman, L., Lucherini, M., Veron, G. & Wayne, R.K. (2008). Multigene phylogeny of the Mustelidae: Resolving relationships, tempo and biogeographic history of a mammalian adaptive radiation. *BMC Biology*, **6**.

Koepfli, K.-P. & Wayne, R.K. (1998). Phylogenetic relationships of otters (Carnivora: Mustelidae) based on mitochondrial cytochrome *b* sequences. *Journal of Zoology London*, **246**, 401–416.

Kortan, D., Adamek, Z. & Polakova, S. (2007). Winter predation by otter, *Lutra lutra* on carp pond systems in South Bohemia (Czech Republic). *Folia Zoologica*, **56**, 416–428.

Kortan, D., Adámek, Z. & Vrána, P. (2010). Otter, *Lutra lutra*, feeding pattern in the Kamenice River (Czech Republic) with newly established Atlantic salmon, *Salmo salar*, population. *Folia Zoologica*, **59**, 223–230.

Kranz, A. (2000a). Otters (*Lutra lutra*) increasing in Central Europe: from the threat of extinction to locally perceived overpopulation? *Mammalia*, **64**, 357–368.

Kranz, A. (2000b). *Zur Situation des Fischotters in Österreich: Verbreitung, Lebensraum, Schutz*. Umweltbundesamt.

Kranz, A. (2011). Fischotter – Problemotter? Populationsentwicklung in Mitteleuropa. *Pirsch*, **12**, 26–30.

Kranz, A. (2017). *Evaluierung der Zaunförderung zum Schutz von Teichen gegen den Fischotter in der Steiermark. Ergebnisse einer 2017 durchgeführten Umfrage unter den Fördernehmern*. Bericht im Rahmen des ELER Projektes «Fischotterberater in der Steiermark». Im Auftrag des Naturschutzbund Steiermark und in fachlicher Absprache mit dem Referat Naturschutz des Amtes der Steiermärkischen Landesregierung.

Kranz, A. & Poledník, L. (2009). *Zur aktuellen Verbreitung und jüngsten Ausbreitung des Fischotters in Niederösterreich*. Bericht im Auftrag der Abteilung Naturschutz des Amtes der Niederösterreichischen Landesregierung.

Kranz, A. & Poledník, L. (2010). *Quantifizierung von Fischottern bei Neuschnee in 10 ausgewählten 100 km2 Quadraten der Ostalpen 2008 & 2010*. Endbericht im Auftrag der Stiftung Pro Lutra, Zürich.

Kranz, A. & Poledník, L. (2012). *Fischotter – Verbreitung und Erhaltungszustand 2011 im Bundesland Steiermark*. Endbericht im Auftrag der Fachabteilungen 10A und 13C des Amtes der Steiermärkischen Landesregierung.

Kranz, A. & Poledník, L. (2015). *Fischotter in Kärnten: Verbreitung und Bestand 2014*. Endbericht im Auftrag des Amtes der Kärntner Landesregierung.

Kranz, A. & Poledník, L. (2017). *Fischotter in Salzburg: Verbreitung und Bestand 2016*. Endbericht im Auftrag des Amtes der Salzburger Landesregierung.

Kranz, A., Poledník, L., Pavanello, M. & Kranz, I. (2013). *Fischotterbestand in der Steiermark – Schneespurkartierungen 2010–2013*. Endbericht im Auftrag der Abteilungen 10 (Umwelt und Raumordnung) und 13 (Land- und Forstwirtschaft) des Amtes der Steiermärkischen Landesregierung.

Kranz, A., Poledník, L. & Poledníková, K. (2003). *Fischotter im Mühlviertel: Ökologie und Management Optionen im Zusammenhang mit Reduktionsanträgen*. Gutachten im Auftrag des Oberösterreichischen Landesjagdverbandes.

Kranz, A., Poledník, L. & Poledníková, K. (2004). Die Rückkehr des Fischotters – Des einen Freud, des anderen Leid. *Weidwerkstatt–Wildforschung*, **2**, 1–8.

Kranz, A. & Toman, A. (2000). Otters recovering in man-made habitats in central Europe. In Griffiths, H.I. (Hrsg.), *Mustelids in a modern world; management and conservation aspects of small carnivore-human interactions*, 163–184. Backhuys Publishers, Leiden, The Netherlands.

Kraus, E. (1980). Probleme des Fischotterschutzes in Niederösterreich (Österreich). In Reuther, C. & Festetics, A. (Hrsg.), *Der Fischotter in Europa: Verbreitung, Bedrohung, Erhaltung*, Seiten 205–210. Selbstverlag, Oderhaus & Göttingen, Deutschland.

Krawczyk, A.J., Bogdziewicz, M., Majkowska, K. & Glazaczow, A. (2016). Diet composition of the Eurasian otter *Lutra lutra* in different freshwater habitats of temperate Europe: A review and meta-analysis. *Mammal Review*, **46**, 106–113.

Kriegs, J.O., Eversmann, N., Happe, E., Olthoff, M., Rehage, H.-O. & Ribbrock, N. (2013). Die Verbreitung des Fischotters in Nordrhein-Westfalen in den Jahren 2009-2012. *Abhandlungen aus dem Westfälischen Museum für Naturkunde*, **75**, 55–62.

Kriewitz, C.R., Albayrak, I., Flügel, D., Bös, T., Peter, A. & Boes, R.M. (2015). Massnahmen zur Gewährleistung eines schonenden Fischabstiegs an größeren mitteleuropäischen Flusskraftwerken. *Wasser Energie Luft*, **1**, 17–28.

Kruuk, H. (1978). Foraging and spatial organisation of the European badger, *Meles meles* L. *Behavioral Ecology and Sociobiology*, **4**, 75–89.

Kruuk, H. (1992). Scent marking by otters (*Lutra lutra*): signaling the use of resources. *Behavioral Ecology*, **3**, 133–140.

Kruuk, H. (1995). *Wild Otters: Predation and Populations*. Oxford University Press, Oxford UK.

Kruuk, H. (2006). *Otters: Ecology, Behaviour and Conservation*. Oxford University Press, Oxford UK.

Kruuk, H. & Balharry, D. (1990). Effects of sea water on thermal insulation of the otter, *Lutra lutra*. *Journal of Zoology*, **220**, 405–415.

Kruuk, H., Balharry, E. & Taylor, P. T. (1994). Oxygen consumption of the Eurasian Otter *Lutra lutra* in relation to water temperature. *Physiological Zoology*, **67**, 1174–1185.

Kruuk, H., Carss, D. N., Conroy, J. W. H. & Durbin, L. (1993). Otter (*Lutra lutra* L.) numbers and fish productivity in rivers in north-east Scotland. *Symposium of the Zoological Society of London*, **65**, 171–191.

Kruuk, H. & Conroy, J. W. H. (1991). Mortality of otters (*Lutra lutra*) in Shetland. *Journal of Applied Ecology*, **28**, 83–94.

Kruuk, H., Conroy, J. W. H., Glimmerveen, U. & Ouwerkerk, E. J. (1986). The use of spraints to survey populations of otters *Lutra lutra*. *Biological Conservation*, **35**, 187–194.

Kruuk, H., Conroy, J. W. H. & Moorhouse, A. (1991). Recruitment to a population of otters (*Lutra lutra*) in Shetland, in relation to fish abundance. *Journal of Applied Ecology*, **28**, 95–101.

Kruuk, H., Kanchansaka, B., O'Sullivan, S. & Wanghongsa, S. (1994). Niche separation in three sympatric otters *Lutra perspicillata*, *L. lutra* and *Aonyx cinerea* in Huai Kha Khaeng,Thailand. *Biological Conservation*, **69**, 115–120.

Kruuk, H. & Moorhouse, A. (1990). Seasonal and spatial differences in food selection by otters (*Lutra lutra*) in Shetland. *Journal of Zoology*, **221**, 621–637.

Kruuk, H. & Moorhouse, A. (1991). The spatial organization of otters (*Lutra lutra*) in Shetland. *Journal of Zoology*, **224**, 41–57.

Kruuk, H., Nolet, B. & French, D. (1988). Fluctuations in numbers and activity of inshore demersal fishes in Shetland. *Journal of the Marine Biological Association of the United Kingdom*, **68**, 601–617.

Kuhn, R. (2009). *Plan national d'action en faveur de la loutre d'Europe (Lutra Lutra), 2010–2015*. Société Française pour l'Etude et la Protection des Mammifères/Ministère de l'Ecologie, de l'Energie, du Développement Durable et de la Mer.

Kuhn, R. A., Ansorge, H., Godynicki, S. & Meyer, W. (2010). Hair density in the Eurasian otter *Lutra lutra* and the Sea otter *Enhydra lutris*. *Acta Theriologica*, **55**, 211–222.

Kuhn, R. A. & Meyer, W. (2009). Infrared thermography of the body surface in the Eurasian otter *Lutra lutra* and the giant otter *Pteronura brasiliensis*. *Aquatic Biology*, **6**, 143–152.

Kuhn, R. A. & Meyer, W. (2010a). Comparative hair structure in the Lutrinae (Carnivora : Mustelidae). *Mammalia*, **74**, 291–303.

Kuhn, R. & Meyer, W. (2010b). A note on the specific cuticle structure of wool hairs in otters (Lutrinae). *Zoological Science*, **27**, 826–829.

Kunz, M., Schindler Wildhaber, Y. & Dietzel, A. (2016). *Zustand der Schweizer Fliessgewässer. Ergebnisse der Nationalen Beobachtung Oberflächengewässerqualität (NAWA) 2011-2014*. Umwelt-Zustand Nr. 1620, Bundesamt für Umwelt, Bern..

LaBar, G. W., Casal, J. A. H. & Delgado, C. F. (1987). Local movements and population size of European eels, *Anguilla anguilla*, in a small lake in southwestern Spain. *Environmental Biology of Fishes*, **19**, 111–117.

Lampa, S. M. (2015). *From faeces to ecology and behaviour-non-invasive microsatellite genotyping as a means to study wild otters (Lutra lutra)*. PhD Thesis, Friedrich Schiller Universität, Jena, Deutschland.

Lanszki, J., Lehoczky, I., Kotze, A. & Somers, M. J. (2016). Diet of otters (*Lutra lutra*) in various habitat types in the Pannonian biogeographical region compared to other regions of Europe. *PeerJ*, **4**, e2266.

Lanszki, J. & Molnar, T. (2003). Diet of otters living in three different habitats in Hungary. *Folia Zoologica*, **52**, 378–388.

Lechner, A., Keckeis, H., Lumesberger-Loisl, F., Zens, B., Krusch, R., Tritthart, M., Glas, M. & Schludermann, E. (2014). The Danube so colourful: A potpourri of plastic litter outnumbers fish larvae in Europe's second largest river. *Environmental Pollution*, **188**, 177–181.

Lesmeister, D. B., Gompper, M. E. & Millspaugh, J. J. (2008). Summer resting and den site selection by eastern spotted skunks (*Spilogale putorius*) in Arkansas. *Journal of Mammalogy*, **89**, 1512–1520.

Leuchtenberger, C., Scusa-Lima, R., Duplaix, N., Magnusson, W. E. & Mourão, G. (2014). Vocal repertoire of the social giant otter. *The Journal of the Acoustical Society of America*, **136**, 2861–2875.

Libois, R. M. & Rosoux, R. (1991). Ecology of the otter (*Lutra lutra*) in the Marais Poitevin region. II. General idea of the alimentary regime. *Mammalia*, **55**, 35–47.

Liukko, U-M., Henttonen, H., Hanski, I. K., Kauhala, K., Kojola, I., Kyheröinen, E-M. & Pitkänen, J. 2016: *Suomen nisäkkäiden uhanalaisuus 2015 – The 2015 Red List of Finnish Mammal Species*. Ympäristöministeriö & Suomen ympäristökeskus.

Lodé, T. (1993). The decline of otter *Lutra lutra* populations in the region of the Pays de Loire, western France. *Biological Conservation*, **65**, 9–13.

Loy, A., Carranza, M. L., Cianfrani, C., D'Alessandro, E. Bonesi, L., Di Marzio, P., Minotti, M. & Reggiani, G. (2009). Otter *Lutra lutra* population expansion: Assessing habitat suitability and connectivity in southern Italy. *Folia Zoologica*, **58**, 309–326.

MacArthur, R. A. (1979). Dynamics of body cooling in acclimatized muskrats (*Ondatra zibethicus*). *Journal of Thermal Biology*, **4**, 273–276.

MacArthur, R. A. & Dyck, A. P. (1990). Aquatic thermoregulation of captive and free-living beavers (*Castor canadensis*). *Canadian Journal of Zoology*, **68**, 2409–2416.

Macdonald, D. W. (1983). The ecology of carnivore social behaviour. *Nature*, **301**, 379–384.

Macdonald, S. M. & Mason, C. F. (1987). Seasonal marking in an otter population. *Acta Theriologica*, **32**, 449–462.

Macdonald, S. M. & Mason, C. F. (1994). *Status and conservation needs of the otter (Lutra Lutra) in the Western Palaearctic*. Nature and environment 67, Council of Europe.

Madsen, A.B. & Prang, A. (2001). Habitat factors and the presence or absence of otters Lutra lutra in Denmark. *Acta Theriologica*, **46**, 171-179.

Manikowska-Ślepowrońska, B., Szydzik, B. & Jakubas, D. (2016). Determinants of the presence of conflict bird and mammal species at pond fisheries in western Poland. *Aquatic Ecology*, **50**, 87–95.

Manning, A. D., Gibbons, P., Fischer, J., Oliver, D. L. & Lindenmayer, D. B. (2013). Hollow futures? Tree decline, lag effects and hollow-dependent species. *Animal Conservation*, **16**, 395–403.

Marcelli, M. & Fusillo, R. (2009). Assessing range re-expansion and recolonization of human-impacted landscapes by threatened species: A case study of the otter (*Lutra lutra*) in Italy. *Biodiversity and Conservation*, **18**, 2941–2959.

Marcelli, M., Poledník, L., Poledníková, K. & Fusillo, R. (2012). Land use drivers of species re-expansion: inferring colonization dynamics in Eurasian otters. *Diversity and Distributions*, **18**, 1001–1012.

Marques, C. & Rosalino, L. M. (2007). Otter predation in a trout fish farm of central-east Portugal: preference for "fast-food"? *River Research and Applications*, **23**, 1147–1153.

Martin, E. A., Heurich, M., Müller, J., Bufka, L., Bubliy, O. & Fickel, J. (2017). Genetic variability and size estimates of the Eurasian otter (*Lutra lutra*) population in the Bohemian Forest Ecosystem. *Mammalian Biology*, **86**, 42–47.

Martin, M., Lam, P. K. S. & Richardson, B. J. (2004). An Asian quandary: Where have all of the PBDEs gone? *Marine Pollution Bulletin*, **49**, 375–382.

Mason, C. F., Last, N. I. & Macdonald, S. M. (1986). Mercury, cadmium, and lead in British otters. *Bulletin of Environmental Contamination and Toxicology*, **37**, 844–849.

Mason, C. F. & Macdonald, S. M. (1986). *Otters: Ecology and Conservation*. Cambridge University Press, New York.

Mason, C. F. & Macdonald, S. M. (1993). PCBs and organochlorine pesticide residues in otter (*Lutra lutra*) spraints from Welsh catchments and their significance to otter conservation strategies. *Aquatic Conservation: Marine and Freshwater Ecosystems*, **3**, 43–51.

Mason, C. F. & Macdonald, S. M. (2004). Growth in Otter (*Lutra lutra*) populations in the UK as shown by long-term monitoring. *AMBIO: A Journal of the Human Environment*, **33**, 148–152.

Mateo, R., Guitart, R. & Saavedra, D. (1999). Reintroduction of the otter (*Lutra lutra*) into Catalan rivers, Spain: Assessing organochlorine residue exposure through diet. *Bulletin of Environmental Contamination and Toxicology*, **63**, 248–255.

McCormick, A., Fisher, K. & Brierley, G. (2015). Quantitative assessment of the relationships among ecological, morphological and aesthetic values in a river rehabilitation initiative. *Journal of Environmental Management*, **153**, 60–67.

Medina-Vogel, G. & Gonzalez-Lagos, C. (2008). Habitat use and diet of endangered southern river otter *Lontra provocax* in a predominantly palustrine wetland in Chile. *Wildlife Biology*, **14**, 211–220.

Fischnetz (2004). *Dem Fischrückgang auf der Spur*. Schlussbericht des Projekts Netzwerk Fischrückgang Schweiz. BUWAL, Bern

Melissen, A. (2000). *Eurasian Otter Lutra lutra: Husbandry Guidelines*. AQUALUTRA, Otterpark, Leeuwarden.

Morales, J. & Pickford, M. (2005). Giant Bunodont Lutrinae from the Mio-Pliocene of Kenya and Uganda. *Estudios Geologicos*, **61**, 233–246.

Morales, J., Ruiz-Olmo, J., Lizana, M. & Gutiérrez, J. (2015). Skinning toads is innate behaviour in otter (*Lutra lutra*) cubs. *Ethology Ecology and Evolution*.

Müller, F. & Müller, D. G. (Hrsg) (2004). *Wildbiologische Informationen für den Jäger. Band 1 – Haarwild*, Verlag Kessel, Remagen.

Murchie, K. J., Hair, K. P. E., Pullen, C. E., Redpath, T. D., Stephens, H. R. & Cooke, S. J. (2008). Fish response to modified flow regimes in regulated rivers: research methods, effects and opportunities. *River Research and Applications*, **24**, 197–217.

Murk, A. J., Leonards, P. E. G., van Hattum, B., Luit, R., van Der Weiden, M. E. J. & Smit, M. (1998). Application of biomarkers for exposure and effect of polyhalogenated aromatic hydrocarbons in naturally exposed European otters (*Lutra lutra*). *Environmental Toxicology and Pharmacology*, **6**, 91–102.

Nelson, K. & Kruuk, H. (1994). The prey of otters: Calorific content of eels (*Anguilla Anguilla*) and other fish, frogs (*Rana temporaria*) and toads (*Bufo bufo*). *IUCN Otter Specialist Group Bulletin*, **14**, 68–70.

Niemi, M., Jääskeläinen, N.C., Nummi, P., Mäkelä, T. & Norrdahl, K. (2014). Dry paths effectively reduce road mortality of small and medium-sized terrestrial vertebrates. *Journal of Environmental Management*, **144**, 51–57.

Nolet, B. A. & Kruuk, H. (1989). Grooming and resting of otters *Lutra lutra* in a marine habitat. *Journal of Zoology*, **218**, 433–440.

Ó Néill, L., Veldhuizen, T., de Jongh, A. & Rochford, J. (2009). Ranging behaviour and socio-biology of Eurasian otters (*Lutra lutra*) on lowland mesotrophic river systems. *European Journal of Wildlife Research*, **55**, 363–370.

Ó Néill, L., Wilson, P., de Jongh, A., de Jong, T. & Rochford, J. (2008). Field techniques for handling, anaesthetising and fitting radio-transmitters to Eurasian otters (*Lutra lutra*). *European Journal of Wildlife Research*, **54**, 681–687.

Oftedal, O. T. & Gittleman, J. L. (1989). Patterns of energy output during reproduction. In Gittleman, J. L. (Hrsg.), *Carnivore behavior, ecology, and evolution*, 355–378. Springer Dordrecht.

Ottaviani, D., Panzacchi, M., Jona Lasinio, G., Genovesi, P. & Boitani, L. (2009). Modelling semi-aquatic vertebrates' distribution at the drainage basin scale: The case of the otter *Lutra lutra* in Italy. *Ecological Modelling*, **220**, 111–121.

Pagacz, S. & Witczuk, J. (2010). Intensive exploitation of amphibians by Eurasian otter (*Lutra lutra*) in the Wolosaty stream, southeastern Poland. *Annales Zoologici Fennici*, **47**, 403–410.

Parry, G. S., Bodger, O., McDonald, R. A. & Forman, D. W. (2013). A systematic re-sampling approach to assess the probability of detecting otters *Lutra lutra* using spraint surveys on small lowland rivers. *Ecological Informatics*, **14**, 64–70.

Pavanello, M., Lapini, L., Kranz, A. & Iordan, F. (2015). Rediscovering the Eurasian otter (*Lutra Lutra* L.) in Friuli Venezia Giulia and notes on its possible expansion in northern Italy. *IUCN Otter Specialist Group Bulletin*, **32**, 12–20.

Pedroso, N. M., Sales-Luís, T. & Santos-Reis, M. (2014). The Eurasian otter *Lutra lutra* (Linnaeus, 1758) in Portugal. *Munibe Monographs. Nature Series*, **3**, 133–144.

Pertoldi, C., Madsen, A. B., Randi, E., Braun, A., & Loeschcke, V. (1998). Variation of skull morphometry of Eurasian otters (*Lutra lutra*) in Denmark and Germany. *Annales Zoologici Fennici*, **35**, 87–94.

Pfeiffer, P. & Culik, B. M. (1998). Energy metabolism of underwater swimming in river-otters (*Lutra lutra* L.). *Journal of Comparative Physiology B*, **168**, 143–148.

Pickles, R. S. A., Groombridge, J. J., Zambrana Rojas, V. D., Van Damme, P., Gottelli, D., Kundu, S., Bodmer, R., Ariani, C. V., Iyengar, A. & Jordan, W. C. (2011). Evolutionary history and identification of conservation units in the giant otter, *Pteronura brasiliensis*. *Molecular Phylogenetics and Evolution*, **61**, 616–627.

Polotti, P., Prigioni, C. & Fumagalli, R. (1995). Preliminary data on the ontogeny of some behavioural activities of captive otter cubs. *Hystrix*, **7**, 279–284.

Pond, C. M. & Mattacks, C. A. (1985). Body mass and natural diet as determinants of the number and volume of adipocytes in eutherian mammals. *Journal of Morphology*, **185**, 183–193.

Poon, E., Powers, B. E., McAlonan, R. M., Ferguson, D. C. & Schantz, S.L. (2011). Effects of developmental exposure to polychlorinated biphenyls and/or polybrominated diphenyl ethers on cochlear function. *Toxicological Sciences*, **124**, 161–168.

Pott, R. & Remy, D. (2008). *Gewässer des Binnenlandes*. Eugen Ulmer KG, Stuttgart.

Pountney, A., Filby, A. L., Thomas, G. O., Simpson, V. R., Chadwick, E. A., Stevens, J. R. & Tyler, C. R. (2015). High liver content of polybrominated diphenyl ether (PBDE) in otters (*Lutra lutra*) from England and Wales. *Chemosphere*, **118**, 81–86.

Prenda, J., López-Nieves, P. & Bravo, R. (2001). Conservation of otter (*Lutra lutra*) in a Mediterranean area: the importance of habitat quality and temporal variation in water availability. *Aquatic Conservation: Marine and Freshwater Ecosystems*, **11**, 343–355.

Prigioni, C., Balestrieri, A. & Remonti, L. (2007). Decline and recovery in otter *Lutra lutra* populations in Italy. *Mammal Review*, **37**, 71–79.

Prigioni, C., Balestrieri, A., Remonti, L., Sgrosso, S. & Priore, G. (2006). How many otters are there in Italy? *Hystrix*, **17**, 29–36.

Prigioni, C., Remonti, L., Balestrieri, A., Sgrosso, S., Priore, G., Misin, C., Viapiana, M., Spada, S. & Anania, R. (2005). Distribution and sprainting activity of the otter (*Lutra lutra*) in the Pollino National Park (southern Italy). *Ethology Ecology and Evolution*, **17**, 171–180.

Prigioni, C., Smiroldo, G., Remonti, L. & Balestrieri, A. (2009). Distribution and diet of reintroduced otters (*Lutra lutra*) on the river Ticino (NW Italy). *Hystrix*, **20**, 45–53.

Prothero, D. R. (2017). *The Princeton field guide to prehistoric mammals*. Princeton University Press, Oxford.

Quaglietta, L., Fonseca, V. C., Hájková, P., Mira, A. & Boitani, L. (2013). Fine-scale population genetic structure and short-range sex-biased dispersal in a solitary carnivore, *Lutra lutra*. *Journal of Mammalogy*, **94**, 561–571.

Quaglietta, L., Fonseca, V. C., Mira, A. & Boitani, L. (2014). Sociospatial organization of a solitary carnivore, the Eurasian otter (*Lutra lutra*). *Journal of Mammalogy*, **95**, 140–150.

Quaglietta, L., Martins, B. H., de Jongh, A., Mira, A. & Boitani, L. (2012). A low-cost GPS GSM/GPRS telemetry system: Performance in stationary field tests and preliminary data on wild otters (*Lutra lutra*). *PLoS ONE*, **7**, e29235.

Raesly, E. J. (2001). Progress and status of river otter reintroduction projects in the United States. *Wildlife Society Bulletin*, **29**, 856–862.

Raha, A. & Hussain, S. A. (2016). Factors affecting habitat selection by three sympatric otter species in the southern Western Ghats, India. *Acta Ecologica Sinica*, **36**, 45–49.

Reid, N., Hayden, B., Lundy, M. G., Pietravalle, S., McDonald, R. A. & Montgomery, W.I. (2013). *National otter survey of Ireland 2010/12*. Irish Wildlife Manuals No 76, National Parks and Wildlife Service, Department of Arts, Heritage and the Gaeltacht, Dublin, Ireland

Remonti, L., Prigioni, C., Balestrieri, A., Sgrosso, S. & Priore, G. (2008a). Trophic flexibility of the otter (*Lutra lutra*) in southern Italy. *Mammalian Biology*, **73**, 293–302.

Remonti, L., Prigioni, C., Balestrieri, A., Sgrosso, S. & Priore, G. (2008b). Distribution of a recolonising species may not reflect habitat suitability alone: the case of the Eurasian otter (*Lutra lutra*) in southern Italy. *Wildlife Research*, **35**, 798–805.

Reuther, C. (1980a). Zur Situation des Fischotters in Europa. In Reuther C. & Festetics A. (Hrsg.), *Der Fischotter in Europa: Verbreitung, Bedrohung, Erhaltung*, 71–92. Selbstverlag, Oderhaus & Göttingen, Deutschland.

Reuther, C. (1980b). Entwicklung und derzeitige Situation des Fischotterbestandes in Niedersachsen (Bundesrepublik Deutschland). In Reuther C. & Festetics A. (Hrsg.), *Der Fischotter in Europa: Verbreitung, Bedrohung, Erhaltung*, 153–173. Selbstverlag, Oderhaus & Göttingen, Deutschland.

Reuther, C. (1993). *Der Fischotter: Lebensweise und Schutzmassnahmen*. Naturbuch-Verlag, Augsburg, Deutschland.

Reuther, C. (2002a). Strassenverkehr und Otterschutz. Naturschutz praktisch Nr. 3. *Aktion Fischotterschutz e. V., Hankensbüttel*

Reuther, C. (2002b). Otters and fyke nets – some aspects which need further attention. *IUCN Otter Specialist Group Bulletin*, **19**, 7–20.

Reuther, C. (2004). *Auf dem Weg zu einem Otter Habitat Netzwerk Europa (OHNE). Methodik und Ergebnisse einer Raumbewertung auf europäischer und deutscher Ebene*. Habitat 15, GN-Gruppe Naturschutz.

Reuther, C., Dolch, D., Green, R., Jahrl, J., Jefferies, D., Krekemeyer, A., Kucerova, M., Madsen, A.B., Romanowski, J., Roche, K., Riuz-Olmo, J., Teubner, J. & Trinidade, A. (2000). *Surveying and monitoring distribution and population trends of the Eurasian Otter (Lutra Lutra): guidelines and evaluation of the standard method for surveys as recommended by the European Section of the IUCN/SSC Otter Specialist Group*. Habitat 12, GN-Gruppe Naturschutz.

Reuther, C. & Festetics, A. (1980). *Der Fischotter in Europa – Verbreitung, Bedrohung, Erhaltung*. Selbstverlag, Oderhaus & Göttingen, Deutschland.

Robitaille, J.-F. & Laurence, S. (2002). Otter, *Lutra lutra* occurrence in Europe and in France in relation to landscape characteristics. *Animal Conservation*, **5**, 337–344.

Rochman, C. M., Hoh, E., Kurobe, T. & Teh, S. J. (2013). Ingested plastic transfers hazardous chemicals to fish and induces hepatic stress. *Scientific Reports*, **3**, 1–7.

Rochman, C. M., Tahir, A., Williams, S. L., Baxa, D. V., Lam, R., Miller, J. T., Teh, F. C., Werorilangi, S. & Teh, S. J. (2015). Anthropogenic debris in seafood: Plastic debris and fibers from textiles in fish and bivalves sold for human consumption. *Scientific Reports*, **5** 1–10.

Romanowski, J. (2006). Monitoring the otter recolonisation of Poland. *Hystrix*, **17**, 37–46.

Romanowski, J. (2013). Detection of otters (*Lutra lutra*) signs in a survey of Central and Eastern Poland: Methodological Implications. *Polish Journal of Ecology*, **61**, 597-604.

Romanowski, J., Brzezinski, M. & Cygan, J.P. (1996). Notes on the technique of the otter field survey. *Acta Theriologica*, **41**, 199–204.

Romanowski, J., Brzeziński, M. & Żmihorski, M. (2013). Habitat correlates of the Eurasian otter *Lutra lutra* recolonizing Central Poland. *Acta Theriologica*, **58**, 149–155.

Rostain, R. R., Ben-David, M., Groves, P. & Randall, J. A. (2004). Why do river otters scent-mark? An experimental test of several hypotheses. *Animal Behaviour*, **68**, 703–711.

Ròzsa, L. (1993). Speciation patterns of ectoparasites and 'straggling' lice. *International Journal for Parasitology*, **23**, 859–864.

Ruiz-Olmo, J., Batet, A., Mañas, F. & Martínez-Vidal, R. (2011). Factors affecting otter (*Lutra lutra*) abundance and breeding success in freshwater habitats of the northeastern Iberian Peninsula. *European Journal of Wildlife Research*, **57**, 827–842.

Ruiz-Olmo, J., Delibes, M. & Zapata, S. C. (1998). External morphometry, demography, and mortality of the otter *Lutra lutra* (Linneo, 1758) in the Iberian Peninsula. *Galemys*, **10**, 239–251.

Ruiz-Olmo, J. & Jiménez, J. (2009). Diet diversity and breeding of top predators are determined by habitat stability and structure: a case study with the Eurasian otter (*Lutra lutra* L.). *European Journal of Wildlife Research*, **55**, 133–144.

Ruiz-Olmo, J., López-Martín, J. M. & Palazón, S. (2001). The influence of fish abundance on the otter (*Lutra lutra*) populations in Iberian Mediterranean habitats. *Journal of Zoology*, **254**, 325–336.

Ruiz-Olmo, J., Margalida, A. & Batet, A. (2005). Use of small rich patches by Eurasian otter (*Lutra lutra* L.) females and cubs during the pre-dispersal period. *Journal of Zoology*, **265**, 339–346.

Ruiz-Olmo, J. & Palazón, S. (1997). The diet of the European otter (*Lutra lutra* L.,1758) in Mediterranean freshwater habitats. *Journal of Wildlife Research*, **2**, 171–181.

Saavedra, D. & Sargatal, J. (1998). Reintroduction of the otter (*Lutra lutra*) in northeast Spain (Girona Province). *Galemys*, **10**, 191–199.

Sakate, M. & Lucas de Oliveira, P.C. (2000). Toad envenoming in dogs: effects and treatment. *Journal of Venomous Animals and Toxins*, **6**, 52-62.

Sales-Luís, T., Freitas, D. & Santos-Reis, M. (2009). Key landscape factors for Eurasian otter *Lutra lutra* visiting rates and fish loss in estuarine fish farms. *European Journal of Wildlife Research*, **55**, 345-355.

Sandell, M. (1990). The evolution of seasonal delayed implantation. *The Quarterly Review of Biology*, **65**, 23–42.

Sarasin, P. (1917). *Die Ausrottung des Fischotters in der Schweiz.* Schweizerischer Bund für Naturschutz.

Sardella, R. (2008). Remarks on the Messinian carnivores (Mammalia) of Italy. *Bollettino della Società Paleontologica Italiana*, **47**, 195–202.

Sato, J. J., Hosoda, T., Wolsan, M., Tsuchiya, K. Yamamoto, M. & Suzuki, H. (2003). Phylogenetic relationships and divergence times among mustelids (Mammalia: Carnivora) based on nucleotide sequences of the nuclear interphotoreceptor retinoid binding protein and mitochondrial cytochrome *b* genes. *Zoological Science*, **20**, 243–264.

Schäfers, G., Ebersbach, H., Reimers, H., Körber, P., Janke, K., Borggräfe, K. & Landwehr, F. (2016). *Atlas der Säugetiere Hamburgs. Artenbestand, Verbreitung, Rote Liste, Gefährdung und Schutz.* Behörde für Umwelt und Energie, Amt für Naturschutz, Grünplanung und Energie, Abteilung Naturschutz. Hamburg.

Schager, E. & Peter, A. (2001). *Bachforellensoemmerlinge*. Kastanienbaum, Schweiz.

Schlott, G. & Gratzl, G. (2003). Die Entwicklung der Fischotterschäden im Waldviertel (Österreich) 1984-2003. Schriftenreihe BAW, **20**, 175–187.

Schmid, H. (2005). Der Fischotter. WILDBIOLOGIE, Zürich, Schweiz.

Schwerdtner, K. & Gruber, B. (2007). A conceptual framework for damage compensation schemes. *Biological Conservation*, **134**, 354–360.

Sherrard-Smith, E. & Chadwich, E. A. (2010). Age structure of the otter (*Lutra lutra*) population in England and Wales, and problems with cementum ageing. *IUCN Otter Specialist Group Bulletin*, **27**, 42–49.

Shimalov, V. V, Shimalov, V. T. & Shimalov, A. V. (2000). Helminth fauna of otter (*Lutra lutra* Linnaeus, 1758) in Belorussian Polesie. *Parasitology Research*, **86**, 528.

Sidorovich, V. E. & Pikulik, M. M. (1997). Toads *Bufo* spp. in the diets of mustelid predators in Belarus. *Acta Theriologica*, **42**, 105–108.

Simpson, V. R. (2000). Fatal adiaspiromycosis in a wild Eurasian otter (*Lutra lutra*). *Veterinary Record*, **147**, 239–241.

Simpson, V. R. (2006). Patterns and significance of bite wounds in Eurasian otters (*Lutra lutra*) in southern and south-west England. *Veterinary Record*, **158**, 113–119.

Simpson, V. R. (2007). *Health status of otters (Lutra lutra) in southern and south-west England 1996-2003.* Scientific Report. Environment Agency, Bristol.

Simpson, V. R., Tomlinson, A. J. & Molenaar, F. M. (2009). Prevalence, distribution and pathological significance of the bile fluke *Pseudamphistomum truncatum* in Eurasian otters (*Lutra lutra*) in Great Britain. *Veterinary Record*, **164**, 397–401.

Sittenthaler, M., Bayerl, H., Unfer, G., Kuehn, R. & Parz-Gollner, R. (2015). Impact of fish stocking on Eurasian otter (*Lutra lutra*) densities: A case study on two salmonid streams. *Mammalian Biology*, **80**, 106–113.

Sjoasen, T. (1997) Movements and establishment of reintroduced European otters *Lutra lutra*. *Journal of Applied Ecology*, **34**, 1070–1080.

Sommer, R. & Benecke, N. (2004). Late- and post-glacial history of the Mustelidae in Europe. *Mammal Review*, **34**, 249–284.

STECF – Scientific, Technical and Economic Committee for Fisheries (2014). *The economic performance of the EU Aquaculture*. Publications Office the European Union, Luxembourg.

Stein, F.M., Wong, J.C.Y., Sheng, V., Law, C.S.W., Schröder, B. & Baker, D.M. (2016). First genetic evidence of illegal trade in endangered European eel (*Anguilla anguilla*) from Europe to Asia. *Conservation Genetics Resources*, **8**, 533–537.

Stephani, A. (2012). *Tagesaktivität des Eurasischen Fischotters (Lutra lutra) in der Steiermark*. Umweltanalytik-Arbeit, ZHAW Wädenswil, Schweiz.

Stewart, D.C., Middlemas, S.J., Gardiner, W.R., Mackay, S. & Armstrong, J.D. (2005). Diet and prey selection of cormorants (*Phalacrocorax carbo*) at Loch Leven, a major stocked trout fishery. *Journal of Zoology*, **267**, 191–201.

Strepparava, N., Segner, H., Ros, A., Hartikainen, H., Schmidt-Posthaus, H. & Wahli, T. (2018). Temperature-related parasite infection dynamics: the case of proliferative kidney disease of brown trout. *Parasitology*, **145**, 281–291.

Sulkava, R. (1996). Diet of otters *Lutra lutra* in central Finland. *Acta Theriologica*, **41**, 395–408.

Sulkava, R.T. & Liukko, U.-M. (2007). Use of snow-tracking methods to estimate the abundance of otter (*Lutra lutra*) in Finland with evaluation of one-visit census for monitoring purposes. *Annales Zoologici Fennici*, **44**, 179–188.

Sulkava, R. & Sulkava, P. (2009). Otter (*Lutra lutra*) population in northernmost Finland. *Estonian Journal of Ecology*, **58**, 225–231.

Sulkava, R.T., Sulkava, P.O. & Sulkava, P.E. (2007). Source and sink dynamics of density-dependent otter (*Lutra lutra*) populations in rivers of central Finland. *Oecologia*, **153**, 579–588.

Tiainen, J. & Rintala, J. (2015). Long-term and regional pattern of population increase of the otter *Lutra lutra* in Finland. *9th Baltic Theriological Conference, 16 – 18 October 2014* p. 29. Daugavpils University Academic Press "Saule", Daugavpils.

Tison, J.L., Blennow, V., Palkopoulou E., Gustafsson, P., Roos, A. & Dalén, L. (2015). Population structure and recent temporal changes in genetic variation in Eurasian otters from Sweden. *Conservation Genetics*, **16**, 371–384.

Torres, J., Feliu, C., Fernández-Morán, J., Ruiz-Olmo, J., Rosoux, R., Santos Reis, Miquel, J. & Fons, R. (2004). Helminth parasites of the Eurasian otter *Lutra lutra* in southwest Europe. *Journal of Helminthology*, **78**, 353–359.

Vaclavikova, M., Vaclavik, T. & Kostkan, V. (2011). Otters vs. fishermen: Stakeholders' perceptions of otter predation and damage compensation in the Czech Republic. *Journal for Nature Conservation*, **19**, 95–102.

Van Dijk, J., May, R., Hamre, O. & Solem M.I. (2016). *Kartlegging av oterfallvilt for perioden 2011–2015 og verifisering av otertilstedeværelse i ulike deler av Norge*. NINA Report 1229, Norwegian Institute for Nature Research, Trondheim, Norway.

Van Ewijk, K.Y., Knol, A.P. & De Jong, R.C.C.M. (1997). An otter PVA as a preparation of a reintroduction experiment in the Netherlands. *Zeitschrift für Säugetierkunde*, **62**, 238–242.

Van Looy, K., Cavillon, C., Tormos, T., Piffady, J., Landry, P. & Souchon, Y. (2013). A scale-sensitive connectivity analysis to identify ecological networks and conservation value in river networks. *Landscape Ecology*, **28**, 1239–1249.

Van Looy, K., Piffady, J., Cavillon, C., Tormos, T., Landry, P. & Souchon, Y. (2014). Integrated modelling of functional and structural connectivity of river corridors for European otter recovery. *Ecological Modelling*, **273**, 228–235.

Vergara, M., Ruiz-González, A., López de Luzuriaga, J. & Gómez-Moliner, B.J. (2014). Individual identification and distribution assessment of otters (*Lutra lutra*) through non-invasive genetic sampling: Recovery of an endangered species in the Basque Country (Northern Spain). *Mammalian Biology*, **79**, 259–267.

Vianna, J.A., Ayerdi, P., Medina-Vogel, G., Mangel, J.C., Zeballos, H., Apaza, M. & Faugeron, S. (2010). Phylogeography of the Marine otter (*Lontra felina*): Historical and contemporary factors determining its distribution. *Journal of Heredity*, **101**, 676–689.

Vincent Wildlife Trust (1988). *The effects of otter guards on the fishing efficiency of eel fyke nets*. Vincent Wildlife Trust, London.

Wahli, T., Knuesel, R., Bernet, D., Segner, H., Pugovkin, D., Burkhardt-Holm, P., Escher, M. & Schmidt-Posthaus, H. (2002). Proliferative kidney disease in Switzerland: current state of knowledge. *Journal of Fish Diseases*, **25**, 491–500.

Walter, A.M., West, M., Ehlert, T., Natho, S., Neukirchen B., Möhring, U., Peters, A. & Schackers, B. (2015). *Den Flüssen mehr Raum geben – Renaturierung von Auen in Deutschland*. Bundesministerium für Umwelt, Naturschutz, Bau und Reaktorsicherheit (BMUB).

Weber, A. & Trost, M. (2015). *Die Säugetierarten der Fauna-Flora-Habitat-Richtlinie im Land Sachsen-Anhalt: Fischotter (Lutra Lutra L., 1758)*. Berichte des Landesamtes für Umweltschutz Sachsen-Anhalt, Halle, Heft 1/2015.

Weber, D. (1990b). *Das Ende des Fischotters in der Schweiz. Schlussbericht der «Fischottergruppe Schweiz» 1984-1990*. Schriftenreihe Umwelt Nr. 128, BUWAL, Bern.

Weber, D., Weber, J.-M. & Müller, H.-U. (1991). Fischotter (*Lutra lutra* L.) im Schwarzwasser- Sense-Gebiet: Dokumentation eines gescheiterten Wiedereinbürgerungsversuchs. *Mitteilungen der Naturforschenden Gesellschaft in Bern*, **47**, 141–152.

Weber, E.D. & Fausch, K.D. (2003). Interactions between hatchery and wild salmonids in streams: differences in biology and evidence for competition. *Canadian Journal of Fisheries and Aquatic Sciences*, **60**, 1018–1036.

Weber, J.-M. (1990a). Seasonal exploitation of amphibians by otters (*Lutra lutra*) in north- east Scotland. *Journal of Zoology*, **220**, 641–651.

Weber, J.-M. (2004). *Dokumentation Fischotter*. KORA, Muri b. Bern, Schweiz.

Weinberger, I.C. (2016). *The Eurasian Otter (Lutra Lutra) in the Alpine Arc: Resource Selection and Habitat Suitability Models*. PhD Thesis, Universität Zürich, Schweiz.

Weinberger, I. (2017). *Zweites Fischottermonitoring in der Schweiz 2016: Brückenmonitoring an Aare, Doubs, Emme, Inn, Rhein, Rhone, Saane und Ticino*. Stiftung Pro Lutra im Auftrag des Bundesamt für Umwelt BAFU, Bern.

Weinberger, I. C., Muff, S., de Jongh, A., Kranz, A. & Bontadina, F. (2016). Flexible habitat selection paves the way for a recovery of otter populations in the European Alps. *Biological Conservation*, **199**, 88–95.

Weinberger I., von May, A. & Martin M. (2018). Otterspotter – Erste Fischotterkartierung 2017/18 in den Kantonen Bern und Solothurn mit Citizen Science. Ein gemeinsames Projekt der Stiftung Pro Lutra, dem WWF Bern & dem WWF Solothurn.

Weiss, S. & Schmutz, S. (1999a). Performance of hatchery-reared brown trout and their effects on wild fish in two small Austrian streams. *Transactions of the American Fisheries Society*, **128**, 302–316.

Weiss, S. & Schmutz, S. (1999b). Response of resident brown trout, *Salmo trutta* L., and rainbow trout, *Oncorhynchus mykiss* (Walbaum), to the stocking of hatchery-reared brown trout. *Fisheries Management and Ecology*, **6**, 365–375.

White, P. C. L., McClean, C. J. & Woodroffe, G. L. (2003). Factors affecting the success of an otter (*Lutra lutra*) reinforcement programme, as identified by post-translocation monitoring. *Biological Conservation*, **112**, 363–371.

Willemsen, G. F. (2006). *Megalenhydris* and its relationship to *Lutra* reconsidered. *Hellenic Journal of Geosciences*, **41**, 83–87.

Wilson, D. E. & Mittermeier, R. A. (2009). *Handbook of the Mammals of the World. Vol 1. Carnivores*. Lynx Ediciones, Barcelona, Spain.

Winkel, S. (2005). Ökonomie der Karpfenteichwirtschaft. *Die sächsische Teichwirtschaft in der erweiterten Europäischen Union EU*. Schriftenreihe der Sächsischen Landesanstalt für Landwirtschaft, Dresden, Deutschland.

WOR (2015). *Die große Zukunft der Fischzucht*. Word Ocean Review Nr. 4, Hamburg, Deutschland.

Wright, L., Larson, S., Reed-Smith, J., Duplaix, N. & Serfass, T. (2017). Effects on otters of pollution, fisheries equipment and water-borne debris. In Butterworth A. (Hrsg.), *Marine Mammal Welfare – Human induced change in the marine environment and its impacts on marine mammal welfare*, 531–542. Springer, Cham, Switzerland.

Yom-Tov, Y., Heggberget, T. M., Wiig, Ø. & Yom-Tov, S. (2006). Body size changes among otters, *Lutra lutra*, in Norway: the possible effects of food availability and global warming. *Oecologia*, **150**, 155–160.

Yom-Tov, Y., Roos, A., Mortensen, P., Wiig, Ø., Yom-Tov, S. & Heggberget, T. M. (2010). Recent changes in body size of the Eurasian otter *Lutra lutra* in Sweden. *Ambio*, **39**, 496–503.

Yonezawa, T., Nikaido, M., Kohno, N., Fukumoto, Y., Okada, N. & Hasegawa, M. (2007). Molecular phylogenetic study on the origin and evolution of Mustelidae. *Gene*, **396**, 1–12.

Yoxon, P. & Yoxon, G. M. (2014). *Otters of the World*. Whittles Publishing, Caithness UK.

Zeh Weissmann, H., Könitzer, C. & Bertiller, A. (2009). *Strukturen der Fliessgewässer in der Schweiz. Zustand von Sohle, Ufer und Umland (Ökomorphologie). Ergebnisse der ökomorphologischen Kartierung. Stand April 2009.* Umwelt-Zustand Nr. 0926. Bundesamt für Umwelt, Bern.

Zinke, O. (1998). Fischotterverluste in der Westlausitz und angrenzenden Gebieten in den Jahren 1985 bis 1995. *Naturschutz und Landschaftspflege in Brandenburg*, **1,** 103–104.

Bildnachweis

Alamy: Calum Dickson: S. 225; FLPA: S. 132–133; John Gooday: S. 196; Tim Plowden: S. 41 oben

Alpenzoo Innsbruck: S. 79 (beide)

Amt für Jagd und Fischerei, Graubünden: S. 178

Annette Stephani: S. 123

Arco Images: Ch'ein Lee: S. 36 rechts; Enrique Lopez-Tapia S. 37; Minden Pictures: S. 28 rechts, S. 239 drittes von links; NPL: S. 27 rechts, S. 239 drittes von rechts; TUNS: S. 38 rechts

Blickwinkel: A. Hartl: S. 108, 183; F. Hecker: S. 203; H. Baesemann: S. 62; H. Blossey: S. 104; McPhoto/I. Schulz: S. 60–61; M. Delpho: S 193; P. Schuetz: S. 69; R. Linke: S. 117, 130; S. Gerth: S. 16

Bundesamt für Eich- und Vermessungswesen (Wien) (Genehmigung N45701/2018): S. 87, 120 rechts

Cathie Withers: S. 34

Chris R. Sheperd/TRAFFIC: S. 21 (beide)

Chris Wittmann: S. 187 rechts

Denise Karp: S. 206

Flickr (CC 2.0): Kenny Bahr: S. 23 rechts

Franz Müller (aus: Müller, F. 2018: Wildtierbiologische Informationen für den Jäger. Band 1: Haarwild. Verlag Kessel, Remagen. www.forstbuch.de): S. 54

Fotalia: chbaum: S. 238 oben links; L. Prochym: S. 129; PIXATERRA: S. 102

Glen und Rita Chapman: S. 35 rechts, S. 238 unten, viertes von links

Günther Gratzl: S. 214, 218, 221 (beide), 223 (beide)

Hans C. Ring: S. 20, 44

Hans-Heinrich Krüger: S. 150, 199 (alle)

Hugh Jansman, Wageningen Environmental Research, Wageningen, Niederlande: S. 179 (beide)

Irene Weinberger: S. 67 unten, 98, 99 (beide), 100, 106, 107 (alle rechts), 113 (alle), 120 links und Mitte, 176, 185, 187 links und Mitte, 191, 205 (beide), 215, 238 oben zweiten von links, 239 ganz links

IUCN Otter Specialist Group: S. 238 unten zweites von links sowie unten zweites und erstes von rechts, S. 239 zweites von links sowie zweites von rechts

Jan Smith: S. 32 rechts

Josh Jaggart: S. 95

KEYSTONE: S. 163

Laurie Campbell (www.lauriecampbell.com): S. 18–19, 42–43, 46, 53, 55, 67 oben, 78, 81, 82, 97 (beide), 101 oben, 109, 110–111, 114, 122, 138, 141, 142–143, 149, 174, 210–211, 228, 230, 232, 233, 234, 236–237

Lucas Leuzinger: S. 22 rechts, 25, 26, 126

Morten Elmeros: S. 151 (beide)

Natural History Museum London: S. 147

naturfoto.cz/Jiři Bohdal: S. 50, 119

Nicole Duplaix: S. 39 rechts, 238 oben, zweites von rechts sowie unten, drittes von rechts

Pool Design: S. 12, 17, 22 links, 23 links, 25 links, 27 links, 28 links, 29 links, 32 links, 33 links, 35 links, 36 links, 38 links, 39 links, 73, 93, 107 links, 115, 144, 154 (beide), 158, 168

Pro Lutra/SWILD: S. 139, 209 (beide)

Rachel Kuhn: S. 57, 58 (alle)

Richard Shucksmith: S. 48, 76–77, 83, 121, 180–181

Sanjiv da Silva: S. 90–91

Shutterstock: Enrique Garcia Navarro: S. 88; Inc: S. 190; Jackal Photography: S. 92; John Peter Davis: S. 239 ganz rechts; M. Rose: S. 124–125, 238 oben rechts; Mario N: S. 188; Paul A. Carpenter: S. 51; Randy van Domselaar: S. 136; Ranko Maras: S. 217; rbrown10: S. 29 rechts; Tomasz Podlak: S. 9, 101 unten; Wildlife World: S. 74; zizar: S. 10–11

Sokrith Heng: S. 40

Teppo Helo: S. 166–167, 170, 200–201

Tony Goy: S. 33 rechts, 238 unten, drittes von links

Ueli Iff: S. 47, 49, 64, 68, 71, 135

V. R. Simpson/BMJ (Genehmigung BMJ © 4387070541377): S. 146

Wikicommons: CC 2.0: Alberto Valenciano et al.: S. 15; Kenny Bahr: S. 23 rechts: Michael L. Baird (unten ganz links); **CC 2.5:** Joachim Müllerchen: S. 198; **CC 3.0:** Bundesarchiv der Bundesrepublik Deutschland (Bild 183-20820-0001): S. 164; CEPhotos/Uwe Aranas: S. 41 unten; Elke Wetzig: S. 160; Peter Southwood: S. 31; Richard Huber: S. 161; **Public domain:** S. 152–153, 157; 212 (NOAA)

Register